火灾高温对砖砌体抗压性能的影响

苗生龙◎著

中国矿业大学出版社
·徐州·

内 容 简 介

本书针对高温后砖砌体抗压性能的退化问题，进行了不同温度、不同冷却方式（自然冷却、喷水冷却）后砖砌体材料（混合砂浆、块材）、砖砌体的抗压性能试验，研究了高温、冷却方式对其抗压强度、弹性模量及泊松比等的影响规律；通过高温试验及有限元分析，给出了高温后砖砌体抗压强度的计算方法，可为高温后砖砌体结构的安全性评估、加固、维修和改造提供参考。

本书可供土木工程专业技术人员及普通高等学校相关专业师生阅读参考。

图书在版编目（CIP）数据

火灾高温对砖砌体抗压性能的影响/苗生龙著. —徐州：中国矿业大学出版社，2023.8

ISBN 978-7-5646-5880-9

Ⅰ. ①火… Ⅱ. ①苗… Ⅲ. ①砖结构—砌块结构—抗压强度—研究 Ⅳ. ①TU364

中国国家版本馆 CIP 数据核字（2023）第 110864 号

书　　名	火灾高温对砖砌体抗压性能的影响
著　　者	苗生龙
责任编辑	黄本斌
出版发行	中国矿业大学出版社有限责任公司 （江苏省徐州市解放南路　邮编 221008）
营销热线	(0516)83885370　83884103
出版服务	(0516)83995789　83884920
网　　址	http://www.cumtp.com　**E-mail**:cumtpvip@cumtp.com
印　　刷	苏州市古得堡数码印刷有限公司
开　　本	787 mm×1092 mm　1/16　**印张** 8.25　**字数** 153 千字
版次印次	2023 年 8 月第 1 版　2023 年 8 月第 1 次印刷
定　　价	36.00 元

（图书出现印装质量问题，本社负责调换）

前　言

砖砌体结构在我国现存的建筑结构，尤其是老旧小区结构中占有一定的比例，其在使用过程中不可避免地会遭遇火灾高温情况，从而对结构产生不良影响。国内外学者对常温下砖砌体结构的一些基本性能进行了大量研究，但对高温后砖砌体结构力学性能等的研究却刚刚起步，因此对砖砌体结构的抗高温性能进行研究，对于保护人民生命财产安全具有重要意义。

本书的主要研究内容如下：

(1) 进行了高温后砖砌体材料的抗压性能研究。对不同温度、不同冷却方式后不同强度等级的混合砂浆和黏土砖进行了试验，研究了温度和冷却方式对砂浆、黏土砖抗压强度的影响。对砂浆成分进行了X射线衍射分析，对喷水冷却静置后砂浆的抗压强度高于自然冷却后的抗压强度的原因进行了解释。

(2) 进行了高温后砖砌体的抗压性能研究。对不同温度后自然冷却的黏土砖砌体试件的抗压性能进行了试验研究，分析了砖砌体结构高温加载后的破坏特征、抗压强度、弹性模量及泊松比等随温度的变化规律，并对高温后砖砌体性能退化原因进行了分析。

(3) 进行了砖砌体试件截面内各点升温情况的有限元分析。模拟了高温后砖砌体内部的温度分布状况，并与实测结果进行了比较。

(4) 进行了高温后砖砌体抗压强度计算。依据常温下砖砌体抗压强度计算公式，参考试验结果，得到了高温后砖砌体抗压强度的简化计算方法，可为高温后砖砌体结构的安全评估提供参考。

(5) 总结了高温后常用的砌体结构现场检测与加固方法。

在撰写本书过程中,得到了中国矿业大学袁广林教授、舒前进副教授和李庆涛副教授的大力支持,在此表示衷心的感谢。本书的出版受到江苏高校品牌专业建设工程二期项目(中国矿业大学徐海学院土木工程专业)的资助,在此表示感谢。

限于作者水平,书中疏漏之处在所难免,敬请广大读者批评指正。

作　者

2023年4月

目　录

1　绪论 …………………………………………………… 1
1.1　研究背景及意义 …………………………………………… 1
1.2　砌体结构性能研究现状 …………………………………… 2
1.3　研究内容…………………………………………………… 17

2　高温后砖砌体材料抗压性能试验研究……………………… 18
2.1　引言………………………………………………………… 18
2.2　试验概况…………………………………………………… 18
2.3　试验结果…………………………………………………… 24
2.4　本章小结…………………………………………………… 44

3　高温后砖砌体抗压性能试验研究…………………………… 46
3.1　引言………………………………………………………… 46
3.2　试验概况…………………………………………………… 46
3.3　试验结果…………………………………………………… 52
3.4　影响砖砌体抗压强度的因素……………………………… 70
3.5　本章小结…………………………………………………… 70

4　砖砌体试件截面温度场分析………………………………… 72
4.1　引言………………………………………………………… 72
4.2　传热学的基本理论及温度场分析的基本假定…………… 72
4.3　ANSYS 软件简述 ………………………………………… 75
4.4　瞬态温度场的数值模拟…………………………………… 76
4.5　本章小结…………………………………………………… 80

5 高温后砖砌体抗压强度计算 …… 81
5.1 引言 …… 81
5.2 常温下砌体抗压强度计算的一般方法 …… 81
5.3 高温后砖砌体抗压强度的计算方法 …… 86
5.4 计算结果与试验结果的比较 …… 92
5.5 本章小结 …… 93

6 砌体结构现场检测与加固方法 …… 94
6.1 引言 …… 94
6.2 砌体结构现场检测方法 …… 94
6.3 砌体结构加固方法 …… 100
6.4 本章小结 …… 118

7 结论与展望 …… 119
7.1 结论 …… 119
7.2 展望 …… 120

参考文献 …… 121

1 绪　论

1.1 研究背景及意义

1.1.1 研究的背景

火在人类进化和发展过程中起到了极其重要的作用。从约170万年前我国云南元谋人第一次开始使用火起，火就与人类结下了不解之缘。时至今日，我们的生产、生活各方面仍然离不开火，但俗话说“水火无情”，一旦失去对火的控制，就会给人类带来巨大的灾难。

现今生活中，火灾每年都要夺走成千上万人的生命和健康，造成的经济损失更是无法估量。在发生的火灾中，发生次数最多、损失最为严重的当属建筑火灾。2015年5月25日，河南鲁山一老年公寓发生特大火灾，造成39人死亡、6人受伤。2017年7月16日，江苏常熟一民房发生火灾，造成22人死亡、3人受伤。2019年6月19日，广东广州一住宅楼发生火灾，造成1人死亡、2人受伤。2021年3月9日，河北石家庄一大厦发生火灾，过火面积15 455 m^2，造成严重的经济损失。

砌体结构在我国工业与民用建筑中占有一定的地位。虽然砌体结构在火灾中不会像木结构那样燃烧，也不会像钢结构那样强度随温度升高而迅速降低，但经历高温作用后，砌体材料（包括块材和砂浆）的性能发生变化，从而影响砌体结构的强度。随着火场温度的升高，砌体结构可能造成严重损伤，从而引起建筑的倒塌。近年来，我国的火灾形势十分严峻，火灾发生次数和造成的损失明显上升。建筑火灾的紧迫形势提醒和告诫建筑从业人员必须重视建筑防火安全。

1.1.2 研究的意义

建筑防火抗火作为建筑防灾的一个分支，越来越受到人们的重视。

发生火灾后建筑物的结构构件会受到高温作用，虽然绝大部分结构材料（如砖、钢、混凝土）是不可燃的，但其材料性能却可能在高温中及冷却后发生变化，导致结构破坏甚至倒塌，给救火和人员逃生带来极大困难，同时也加大了火灾后建筑物修复的难度，增加了火灾造成的间接损失。

砖作为常用的建筑材料，被广泛应用于住宅、办公楼等建筑中，其中包括传统的黏土砖。虽然制作黏土砖需要消耗大量的黏土资源，不符合可持续发展的要求，但是我国幅员辽阔，很多地区黏土资源丰富，因此随着经济建设步伐的加快，城市和农村各类建筑物的工程量的不断增多，黏土砖砌体结构在很多领域仍将长期存在。

在现实生活中，用于多层住宅等的砌体结构可能遭遇火灾或者处于高温环境中，目前对砌体结构性能的研究主要集中在常温基本力学性能方面，比如在常温下，对砌体试件进行抗压、抗剪或抗弯性能的研究等，而对砌体结构的抗火性能缺乏系统性研究。虽然砌体具有良好的耐火性能，但是高温后其安全性能如何，对火灾后砌体结构的加固修复等，都需要进一步研究。因此，开展砌体结构抗火性能研究对于保证砌体结构在火灾后的安全性，减少火灾损失具有现实意义。

总之，对砌体进行高温性能研究，可以为深入开展砌体结构抗火性能及火灾后损伤评估与修复奠定基础，对保障人民的生命和财产安全具有重要的意义。

1.2 砌体结构性能研究现状

砌体结构是砖砌体、砌块砌体、石砌体建造的结构的总称。砌体建筑不论是在我国还是在其他国家都有着非常悠久的历史[1-4]。

砌体结构之所以能发展到现在并成为一种重要的建筑结构体系，与其自身所具有的优点是分不开的[5]。

近年来，我国兴建了大批的钢筋混凝土结构、钢结构以及钢-混凝土组合结构的高层建筑，但是在我国的许多中小城市和广大城镇当中，砌体结构仍占据相当大的比例。相关资料指出：目前我国墙体结构中砌体结构约占95%以上，砌体结构大量应用于多层住宅、中小型单层厂房、影剧院、食堂等建筑。而在国外，砌体结构不仅广泛应用于多层建筑，在中高层建筑中的应用也相当普遍。

国外对砌体结构的研究起步比较早，我国对砌体结构的计算理论和设计方法的研究是从20世纪50年代中后期才开始的，且在相当长的一段时间内采用的是苏联的砌体结构设计规范，并一直持续到60年代。20世纪60年代至70年代初期，经过大规模的试验研究和调查，学者们总结出了一套切合我国实际的砖石结构理论、计算方法。20世纪70年代中期至80年代末期，我国对砌体结构进行了第二次较大规模的试验研究，在砌体结构的设计方法以及砌体的力学性能和砌体结构房屋的设计方面都取得了很多成绩。国内外一些专家学者对砌体结构的力学性能进行了相关的研究，并取得了丰硕的成果。

1.2.1 砂浆性能研究

在建筑施工中，砌筑砂浆的用量是巨大的，其质量对砌体结构的安全性具有重要影响[6]。

王健等[7]研究了石灰膏对混合砂浆性能的影响，结果表明，由于不同设计强度的水泥混合砂浆中水泥、细集料、石灰膏和水的比例不同，石灰膏所起的作用也是不同的。无论是设计强度相同还是水泥用量相同，加入石灰膏的砂浆的和易性优于不加石灰膏的砂浆的和易性，而且这种优势在中低强度的砂浆中更明显。

刘焕强、殷向红、薛鹏飞等[8-10]对混合砂浆的黏结强度进行了试验，研究了砂浆水灰比、外加剂等对黏结强度的影响。

刘梦溪、周爱东、牛颖兰等[11-13]总结了影响混合砂浆强度的因素，包括水泥用量、石灰膏掺量、搅拌时间、养护条件等。

近些年，我国基础建设开展得如火如荼，建筑工地对河砂的需求越来越大，但受现有资源的限制，有学者研究了海砂取代部分河砂后混合砂浆的物理及力学性能[14-15]。结果表明，海砂取代部分河砂后，强度可以达到基本强度设计标准，但海砂中的氯离子对砂浆凝结时间及早期强度有明显影响，综合考虑各项物理力学性能指标，海砂取代率为10%时，各项性能与普通砂浆的性能相比差别不大，可用于工程中。

混合砂浆中石灰膏的作用是改善施工和易性，而掺加石灰膏的砂浆强度会有所降低。砂浆塑化剂是随着建筑行业的发展需求新发展起来的一种外加剂。国内自20世纪70年代末期开始，一些地方采用微沫剂来改善砂浆的和易性，即在砂浆中掺入松香皂来代替部分或全部的石灰膏。砂浆塑化剂对砂浆的施工性能、力学性能和耐久性有很大提高，但由于市售高性能砂浆塑化剂价格高，推广受到制约，因此有学者研究开发了一种性能好、价格低的塑化剂，并就其对砂浆性能的影响进行了研究[16]。

稠度是衡量砂浆质量的一个重要指标，反映了砂浆流动性。砂浆良好的稠度可以降低工人的劳动强度，提高施工效率，还可以使灰缝均匀、平整、密实，保证了砌体的质量。砂浆的稠度值大小很大程度上受砂的细度模数影响，但是砂的颗粒级配也会影响砂浆的稠度值。冉一辰等[17]研究了不同颗粒级配对砂浆性能的影响。

许小燕等[18]对不同温度后的M10和M20的水泥砂浆进行了抗压强度试验，结果表明，受热温度低于300 ℃时，水泥砂浆抗压强度下降较小，超过450 ℃时，其抗压强度有明显下降。

顾铁颋、颜军、刘赞群、M. S. Cülfik、刘威等[19-23]分析研究了不同温度后水泥砂浆抗压强度的折减系数，并得出了相应的计算公式。

1.2.2 砌体基本性能研究

1.2.2.1 砌体的抗压性能

许淑芳等[24]给出了砌体轴心受压过程中受力及破坏的三个阶段，在这三个阶段中砌体的裂缝是不断开展的，最终形成贯通裂缝，并逐渐由弹性阶段变到塑性阶段。

刘立新、丁大钧[25-26]分析了砌体轴心受压过程中的应力状态：

① 在砌筑过程中，由于灰缝厚度和密实性不均匀，以及砖表面不平整，单块砖在砌体内并不是均匀受压，而是处于压、弯、剪复合受力状态，如图1-1(a)所示。由于砖和砂浆弹性模量不同，砖可视为以砂浆和下部砌体为弹性地基的梁，这使得砖的弯、剪应力增大。而砖属于脆性材料，抗拉和抗剪强度很低，这就使单砖首先出现裂缝。

② 砌体在受压时会产生横向变形，砖和砂浆的弹性模量和横向变形系数不同，一般砖的横向变形小于砂浆的横向变形，但是由于砖与砂浆之间黏结力和摩擦力的作用，使二者的横向变形保持协调，砖受砂浆的影响增大了其横向变形，内部出现了拉应力，而砂浆内则产生横向压应力，如图1-1(b)所示。砖中横向拉应力会促使单砖裂缝的出现，使砌体强度降低。

③ 通常砌体的竖向灰缝都不密实饱满，加上砂浆硬化过程中收缩，使砌体在竖向灰缝处整体性较差，位于竖向灰缝处的砖内产生较大的横向拉应力

和剪应力集中，这将加速单砖的开裂。

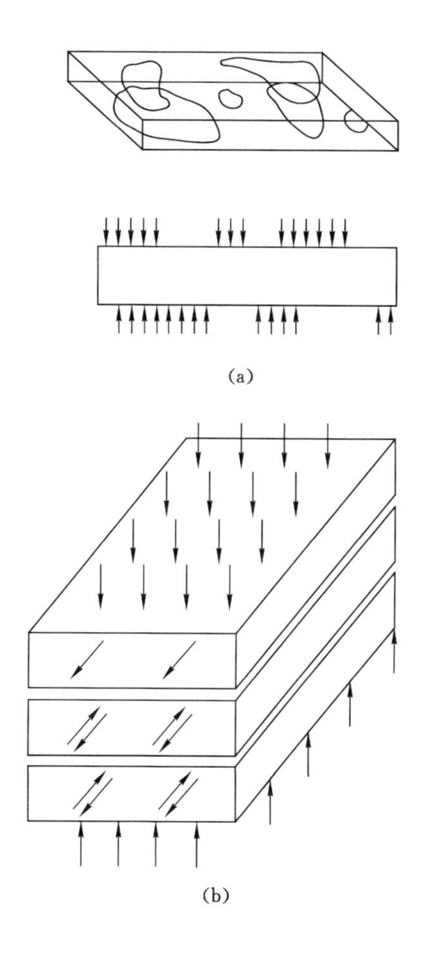

图 1-1　砌体中单砖受力示意图

影响砌体抗压强度的因素主要有以下几个方面：

(1) 块体的强度及外形尺寸

试验表明，块体的强度对砌体的抗压强度有明显的影响，在其他条件相同的情况下，块体的强度越高，砌体的抗压强度越高。砌体的抗压强度还与块体的尺寸和表面的规整程度有关，块体厚度越大，表面越平整，块体在砌体中所受的拉、弯、剪应力就越小，砌体的抗压强度就越高。根据试验研究，砖的尺寸对砌体抗压强度的影响系数 ψ_d 可按下式计算[27-28]：

$$\psi_{d} = 2\sqrt{\frac{h+7}{l}} \tag{1-1}$$

式中　h——砖的高度，mm；

l——砖的长度，mm。

徐晖等[29]通过研究指出，在常用的材料范围内，砖强度的利用率在15%～60%之间，随着砖强度的不断提高，砖强度的利用率却出现降低。同时他强调，砖的抗弯强度对砖砌体的抗压强度也有一定的影响，所以一定强度的砖，必须要有相应的抗弯强度。

(2) 砂浆的强度及特性

当块体强度一定，砂浆强度等级不太高时，提高砂浆强度等级可以较明显提高砌体的抗压强度；当砂浆强度等级较高时，提高砂浆强度等级对砌体抗压强度的提高并不明显。

砂浆的流动性较好时便于施工铺砌，灰缝较易获得均匀的厚度和密实性，这将降低砌体受压时发生在砖内的弯应力和剪应力。所以提高砂浆的流动性在某种程度上可提高砌体的抗压强度。

施楚贤[30]曾进行过M5和M10水泥砂浆砌体和相应的混合砂浆砌体的试验，结果表明，M5水泥砂浆砌体抗压强度较相应混合砂浆砌体抗压强度平均低5%，M10则平均低4%。

(3) 砖的含水率

由于砖的原材料及焙烧方法不同，加上对砖浇水湿润的方法和要求有差异，砖砌筑时的含水率也不同。试验研究表明，当砌筑时砖的含水率控制在8%～10%时，对砌体抗压强度最为有利[9]。

(4) 施工质量

施工质量包括砂浆饱满度、砌筑人员的水平等。砂浆饱满度越好，砌筑水平越高，砌体的抗压强度就越高。

(5) 砌筑方式

砖砌体中实心砖块体的砌筑方式应遵循内外搭接、上下错缝的原则，不当的砌筑方式会降低砌体的抗压强度。

另外，砌体抗压强度的分析方法大致有弹性理论分析法、适当考虑砌体材料非线性特性的弹性理论分析法、基于变形协调的应力叠加法、弹性有限元法、半理论半经验方法以及数理统计的经验方法等。

A. A. Hamid 等[31]采用弹性理论分析法对灌芯混凝土砌块砌体抗压性能进行了研究，引入了以下假设：

① 砌块、砂浆、芯柱之间接触处完全黏结；

② 竖向应力在壳体(砌块、砂浆灰缝)、芯柱之间的分配是根据它们的轴向刚度进行的；

③ 对于每种材料，横向应力呈均匀分布；

④ 采用莫尔-库仑破坏理论描述双向压-拉应力状态下混凝土砌块的破坏；

⑤ 芯柱强度与普通混凝土三轴受压状态下的强度相同。

根据以上假设得到了灌芯混凝土砌块的抗压强度表达式：

$$\sigma_{xb} = \sigma_{zb} = \sigma_{tb}\left(1 - \frac{\sigma_{yb}}{\sigma_{cb}}\right) \tag{1-2}$$

式中 σ_{xb}，σ_{zb} ——砌块沿 x、z 轴方向的横向拉应力，MPa；

σ_{yb} ——砌块沿砖厚度方向的压应力，MPa；

σ_{tb}，σ_{cb} ——砌块单轴抗拉、抗压强度，MPa。

R. H. Atkinson 等[32]按弹性理论研究并提出了叠砌棱柱体抗压强度表达式，分析中适当考虑了砂浆非线性特性的影响，即砂浆的弹性模量、泊松比与相应的应力状态有关；在所有应力状态下砖的弹性模量、泊松比保持不变。该方法揭示了砌体受压破坏机理和影响砌体抗压强度的因素，对完善砌体结构基本理论具有积极意义。

施楚贤等[33]分析灌芯混凝土砌体抗压强度时，根据试验结果取砌体峰值应变为0.001 5，芯柱混凝土的峰值应变为0.002 0。达到极限状态时，未灌芯混凝土砌体应力达到其抗压强度，灌芯混凝土的应力达到其轴心抗压强度平均值的94%。根据灌芯混凝土砌体轴向承载力等于未灌芯混凝土砌体轴向承载力与灌芯混凝土轴向承载力之和，得到灌芯混凝土砌体抗压强度。

肖小松等[34]分析灌芯混凝土砌体、竖向配筋混凝土砌体抗压强度时，根据试验结果近似取芯柱混凝土的应力为其抗压强度的70%，竖向钢筋应力为其屈服强度的60%。根据灌芯混凝土砌体轴向承载力等于未灌芯混凝土砌体轴向承载力与芯柱混凝土轴向承载力之和，竖向配筋混凝土砌体轴向承载力等于未灌芯混凝土砌体轴向承载力、芯柱混凝土轴向承载力、竖向钢筋轴向承载力三项之和，分别推导得到了灌芯混凝土砌体抗压强度、竖向配筋混凝土砌体抗压强度表达式。

R. G. Drysdale 等[35]采用最小二乘逼近法统计回归得到了灌芯混凝土砌体抗压强度。

我国学者多年来对常用的各类砌体抗压强度进行了大量试验研究，获得了大量的试验数据，在对这些数据分析研究的基础上，参考国外有关研究成果和计算公式，在《砌体结构设计规范》(GB 50003—2011)[36]中对于各类砌体抗压强度采用了形式上比较一致的计算公式：

$$f_{cm} = k_1 f_1^{a}(1 + 0.07 f_2)k_2 \tag{1-3}$$

式中 f_{cm}——砌体抗压强度平均值，MPa；

f_1——块体抗压强度平均值，MPa；

f_2——砂浆抗压强度平均值，MPa；

a, k_1——不同类型砌体的块材形状、尺寸、砌筑方法等因素的影响系数；

k_2——砂浆强度对砌体抗压强度的影响系数。

1.2.2.2 砌体的抗剪性能

砌体结构的受剪与受压一样，都是砌体结构的一种重要受力形式。实际情况中，砌体截面通常是同时作用剪应力 τ 和竖向压应力 σ_y，在竖向压应力作用下，受剪构件可能发生三种破坏[25]：

① σ_y/τ 较小时，砌体沿水平通缝方向受剪且在摩擦力作用下产生滑移，称为剪摩破坏；

② σ_y/τ 较大时，砌体沿阶梯形灰缝截面受剪破坏，称为剪压破坏；

③ σ_y/τ 更大时，砌体沿块体与灰缝截面受剪破坏，称为斜压破坏。

砌体单纯受剪时的抗剪强度主要取决于水平灰缝中砂浆与块体的黏结强度，《砌体结构设计规范》(GB 50003—2011)[36]中规定的砌体抗剪强度平均值计算公式为：

$$f_{vm} = k_5\sqrt{f_2} \tag{1-4}$$

式中 f_{vm}——砌体抗剪强度平均值，MPa；

k_5——与块体类别有关的参数，其取值见表 1-1。

表 1-1 砌体抗剪强度平均值计算参数

序号	砌体类别	k_5
1	烧结普通砖、烧结多孔砖	0.125
2	蒸压灰砂砖、蒸压粉煤灰砖	0.090
3	混凝土砌块	0.069
4	毛石	0.188

影响砌体抗剪强度的重要因素如下：

(1) 块体和砂浆的强度

对于剪摩和剪压破坏的砌体，由于破坏沿砌体灰缝发生，因此砂浆的强度影响较大；对于斜压破坏的砌体，由于破坏沿块体与灰缝截面发生，裂缝贯穿块体发展，此时块体的强度影响相对较大，砂浆的强度影响相对较小。

(2) 竖向压应力

竖向压应力的大小不但决定砌体的剪切破坏形态，也直接影响砌体的抗剪强度。当竖向压应力与剪应力之比在一定范围内（$\sigma_y/\tau < 0.6$）时，砌体的抗剪强度随竖向压应力的增大而提高；而当在这个范围之外（$\sigma_y/\tau \geqslant 0.6$）时，砌体的抗剪强度将随竖向压应力的增大而逐渐降低。

(3) 砌筑质量

试验研究表明，砌筑质量对砌体抗剪强度的影响，主要与砂浆的饱满度和块体在砌筑时的含水率有关，当灰缝砂浆饱满度较好，砖的含水率达到一个较佳值时，对提高砌体抗剪强度有积极影响。

(4) 试验方法

不同的试验方法，如单剪、双剪等，对砌体抗剪强度都会产生影响。

1.2.2.3 砌体的本构关系

砌体的本构关系一直受到各国学者的关注和重视，是砌体结构内力分析、强度计算必不可少的重要依据。国内外学者从不同角度对砌体的本构关系进行了大量的试验研究，提出了不同因素影响下砌体本构关系的众多表达式。

相对来说，目前对单轴受压砌体本构关系的研究工作开展得最早也最多，早在20世纪30年代，苏联学者 Онишик 就提出了对数型的砌体受压本构关系(砌体应力 σ 与应变 ε 的关系)表达式[37]：

$$\varepsilon = -\frac{1.1}{\xi}\ln\left(1 - \frac{\sigma}{1.1 f_{cmk}}\right) \tag{1-5}$$

式中 ξ——与块体类别和砂浆强度有关的弹性特征值；

f_{cmk}——砌体抗压强度标准值，MPa。

该本构关系可与砌体弹性模量、砌体构件稳定系数建立相互关系，具有一定的适用性。

施楚贤[37]在此基础上根据87个砖砌体试验资料的统计分析结果，提出了以砌体抗压强度平均值为基本变量的砌体本构关系表达式：

$$\varepsilon = -\frac{1}{\xi\sqrt{f_{cm}}}\ln\left(1-\frac{\sigma}{f_{cm}}\right) \tag{1-6}$$

该表达式适用于任何种类的砌体，其中的弹性特征值 ξ 根据相应的试验资料统计确定。该表达式较全面地反映了块体强度、砂浆强度及其变形性能对砌体变形的影响，目前在国内运用广泛。该表达式不足之处是缺乏反映砌体特征的下降段，因此在砌体结构尤其是配筋砌体结构非线性有限元分析中的应用受到一定的限制。

K. Naraine 等[38]研究了周期加载下砌体的本构关系，得到了水平灰缝法向和切向两种加载情况下砌体包络曲线、共同点曲线、稳定点曲线的通用表达式：

$$\frac{\sigma}{\sigma_0} = \frac{\varepsilon}{\varepsilon_0}e^{\left(1-\frac{\varepsilon}{\varepsilon_0}\right)} \tag{1-7}$$

式中 σ_0 ——最大压应力，MPa；

ε_0 ——对应于 σ_0 的应变。

其中两种加载方式下无量纲化的包络曲线是相同的，共同点曲线也相差不大，而沿水平灰缝法向加载方式的稳定点曲线比沿水平灰缝切向加载方式的表现出较低的应力比。此后该作者在上述研究的基础上，进一步研究并提出了任意应力比下双向受压砌体的本构关系，使原本复杂的问题简单化，本构关系表达式形式得到了简化，便于在砌体结构分析计算中应用，尤其是在砌体结构非线性有限元抗震性能研究中，其优点更加明显。

L. La Mendola[39]在式(1-7)的基础上做了改进：

$$\frac{\sigma}{\sigma_0} = \frac{\varepsilon}{\varepsilon_0}e^{\beta\left(1-\frac{\varepsilon}{\varepsilon_0}\right)} \tag{1-8}$$

式中 β ——非线性指标系数。

R. Senthivel 等[40]通过 1∶2 模型灰砂砖墙轴心受压试验，研究了轴向压力与水平灰缝法向之间呈不同倾角 θ 下砌体的本构关系，提出了 θ 分别为 0°、22.5°、45°、67.5°、90°时砌体的本构关系：

$\theta = 0°$ 时，

$$\frac{\sigma_n}{\sigma_m} = 0.1746\left(\frac{\varepsilon_n}{\varepsilon_m}\right)^5 - 0.7524\left(\frac{\varepsilon_n}{\varepsilon_m}\right)^4 + 1.6938\left(\frac{\varepsilon_n}{\varepsilon_m}\right)^3 + 2.7290\frac{\varepsilon_n}{\varepsilon_m} - 0.0027 \tag{1-9a}$$

$\theta = 22.5°$ 时，

$$\frac{\sigma_n}{\sigma_m}=0.2632\left(\frac{\varepsilon_n}{\varepsilon_m}\right)^3-1.5409\left(\frac{\varepsilon_n}{\varepsilon_m}\right)^2+2.2767\frac{\varepsilon_n}{\varepsilon_m} \tag{1-9b}$$

$\theta=45°$ 时，

$$\frac{\sigma_n}{\sigma_m}=1.0240\left(\frac{\varepsilon_n}{\varepsilon_m}\right)^2-2.0189\frac{\varepsilon_n}{\varepsilon_m} \tag{1-9c}$$

$\theta=67.5°$ 时，

$$\frac{\sigma_n}{\sigma_m}=0.9788\left(\frac{\varepsilon_n}{\varepsilon_m}\right)^2-1.9744\frac{\varepsilon_n}{\varepsilon_m} \tag{1-9d}$$

$\theta=90°$ 时，

$$\frac{\sigma_n}{\sigma_m}=1.1332\left(\frac{\varepsilon_n}{\varepsilon_m}\right)^5-3.7978\left(\frac{\varepsilon_n}{\varepsilon_m}\right)^4+4.358\left(\frac{\varepsilon_n}{\varepsilon_m}\right)^3-2.8944\left(\frac{\varepsilon_n}{\varepsilon_m}\right)^2+2.1990\frac{\varepsilon_n}{\varepsilon_m}+0.0051 \tag{1-9e}$$

式中 σ_n,σ_m ——轴向压应力及破坏(峰值)应力，MPa；

$\varepsilon_n,\varepsilon_m$ ——轴向压应变及对应于 σ_m 的应变。

曾晓明等[41]在施楚贤提出的砌体本构关系表达式的基础上提出了采用4个方程式分段模拟砌体本构关系曲线，该本构关系表达式反映了砌体受压应力-应变全曲线的4个特征点，即比例极限点、峰值应力点、反弯点、极限应变点，而且曲线在4个特征点处光滑连续。

朱伯龙[5]根据试验结果，提出了两段式的砌体本构关系：

$$\frac{\sigma}{f_{cm}}=\begin{cases}\dfrac{\frac{\varepsilon}{\varepsilon_0}}{0.2+0.8\frac{\varepsilon}{\varepsilon_0}} & (\varepsilon\leqslant\varepsilon_0)\\[2ex] 1.2-0.2\dfrac{\varepsilon}{\varepsilon_0} & (\varepsilon\geqslant\varepsilon_0)\end{cases} \tag{1-10}$$

庄一舟等[42]也提出了两段式的砌体本构关系：

$$\frac{\sigma}{\sigma_0}=\begin{cases}\dfrac{1.520\frac{\varepsilon}{\varepsilon_0}-0.279\left(\frac{\varepsilon}{\varepsilon_0}\right)^2}{1.000-0.483\frac{\varepsilon}{\varepsilon_0}+0.724\left(\frac{\varepsilon}{\varepsilon_0}\right)^2}\\[3ex] \dfrac{3.400\frac{\varepsilon}{\varepsilon_0}-1.130\left(\frac{\varepsilon}{\varepsilon_0}\right)^2}{1.000+1.400\frac{\varepsilon}{\varepsilon_0}-0.130\left(\frac{\varepsilon}{\varepsilon_0}\right)^2}\end{cases} \tag{1-11}$$

V. Turnesec 等[43]提出了抛物线形的砌体本构关系：

$$\frac{\sigma}{\sigma_0} = 6.40\frac{\varepsilon}{\varepsilon_0} - 5.40\left(\frac{\varepsilon}{\varepsilon_0}\right)^{1.17} \tag{1-12}$$

B. Powell 等[44]也提出了类似的抛物线形的砌体本构关系：

$$\frac{\sigma}{\sigma_0} = 2.0\frac{\varepsilon}{\varepsilon_0} - 5.4\left(\frac{\varepsilon}{\varepsilon_0}\right)^{2} \tag{1-13}$$

图 1-2(a)是 R. H. Atkinson 等[32]提出的简化四段直线式砌体本构模型；图 1-2(b)是 A. Bernardini 等[45]提出的上升段为曲线，下降段为两段直线的砌体本构模型。

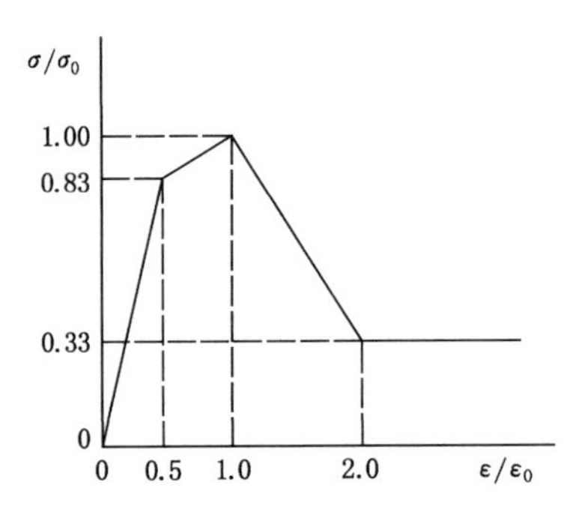

(a) 四段直线式砌体本构模型

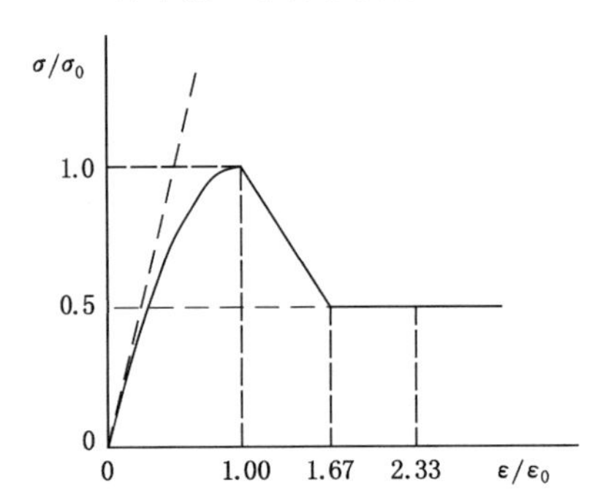

(b) 曲线加直线三段式砌体本构模型

图 1-2 几种砌体本构模型

许多国内外学者将混凝土受压本构关系引入了砌体受压本构关系。其中具有代表性的有 A. Madan 等[46]提出的砌体受压本构关系：

$$\sigma = \frac{\sigma_0 \frac{\varepsilon}{\varepsilon_0}\gamma}{\gamma - 1 + \frac{\varepsilon}{\varepsilon_0}\gamma} \tag{1-14}$$

式中 γ——非线性参数。

该公式较复杂，对各种砌体材料的拟合情况仍需研究。

M. Dhanasekar 等[47]提出了一个适合砌体受压的本构关系：

$$\frac{\sigma}{\sigma_0}=\frac{\left[1+u_0(1+u_1)\right]\frac{\varepsilon}{\varepsilon_0}}{u_0\left(1+u_1\frac{\varepsilon}{\varepsilon_0}\right)+\left(\frac{\varepsilon}{\varepsilon_0}\right)^{u_0-1}} \tag{1-15}$$

式中 u_0，u_1——常系数。

该式同样较复杂，式中系数的物理意义有待进一步明确。

1.2.2.4 砌体的弹性模量

砌体的弹性模量是其应力与应变的比值，主要用于计算砌体构件在荷载作用下的变形，是砌体结构设计中的一个重要指标，其大小主要根据实测砌体的应力-应变曲线求得。

砌体在短期一次加荷下的应力-应变曲线如图 1-3 所示[24]。由图 1-3 可以看出，当荷载较小时，应力与应变近似呈直线关系，说明此时砌体基本处于弹性工作阶段。当荷载逐渐增大时，应力-应变关系呈曲线关系，砌体表现出明显的塑性性能。当荷载进一步增大时，砌体中相继出现单砖裂缝、竖向贯通裂缝，应变急剧增长。砌体的应力-应变关系表达式如下：

$$\varepsilon=-\frac{1}{\xi}\ln\left(1-\frac{\sigma}{f_{cm}}\right) \tag{1-16}$$

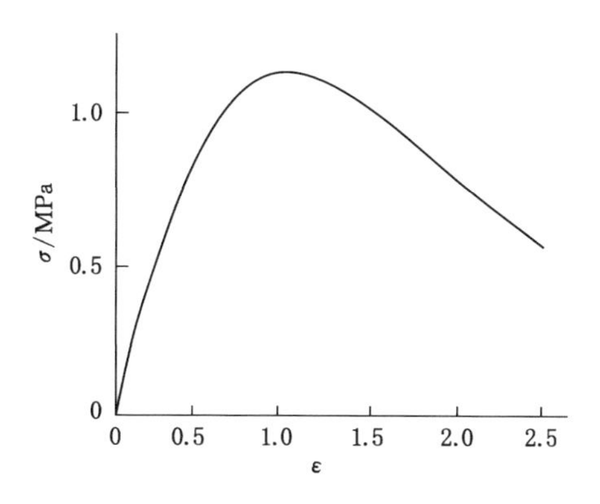

图 1-3 砌体受压应力-应变曲线

确定砌体弹性模量的方法除了采用试验方法外，还有一种方法是直接采用规定的值，如美国 UBC 规范（统一建筑规范）中给出砖砌体的弹性模量为其抗压强度的 750 倍。

1.2.2.5 砌体的破坏准则

砌体的破坏准则是砌体结构非线性有限元分析、判别砌体是否破坏的依据。砌体是由块体、水平灰缝和竖向灰缝组成的一种非均质材料，灰缝的存在使得砌体有明显的方向性，结构中砌体的受力有的相当复杂，使得建立完整、准确的砌体破坏准则有相当大的难度。国内外学者十分关注并且正在加强对砌体破坏准则的研究，这对完善砌体结构基本理论，使砌体结构设计方法更加合理具有十分重要的意义。

W. Samarasinghe 等[48]对砖砌体进行了拉-压试验，得到了水平灰缝与轴向拉力方向呈不同倾角 θ 的破坏准则表达式：

$$f_t = 0.7\exp(-0.14f_c) - 1.34\theta/\pi - 0.02 \tag{1-17}$$

式中 f_t——抗拉强度，MPa；

f_c——抗压强度，MPa。

该式进一步证实了水平灰缝方向对砌体破坏准则的影响。该破坏准则是基于抗压强度平均值为 30.5 MPa 的砖、抗压强度平均值为 9.6 MPa 的砂浆砌成的砌体建立的，是否适用于其他抗压强度的砖、砂浆砌成的砌体仍有待进一步研究。

J. R. Riddington 等[49]揭示了导致剪压状态下砌体破坏的机理以及竖向压应力对砌体抗剪强度的影响规律，研究指出：当竖向压应力小于 2 MPa 时，砌体剪切破坏是由于灰缝节点滑移引起的，增大竖向压应力对砌体抗剪有利；当竖向压应力较大时，砌体剪切破坏是砂浆层的受拉破坏引起的，增大竖向压应力对砌体抗剪强度的影响不大；当竖向压应力很大时，砌体受压破坏成为主要的破坏特征，增大竖向压应力反而对砌体抗剪不利。该研究的不足之处是未给出反映上述三个破坏特征的砌体抗剪强度表达式。

秦士洪等[50]依照 M2.5、M5.0、M7.5 和 M10 4 种强度的砂浆与 MU10 页岩砖砌成的 231 个砌体的剪压试验结果得到了砌体剪压曲线，较为全面地反映了砌体受剪时的三种破坏形式，弥补了 J. R. Riddington 等人研究的不足。其砌体抗剪强度表达式为：

$$f_{vm} = f_{vm0} + \alpha\mu\sigma_{yk} \tag{1-18}$$

式中 f_{vm0}——砌体纯剪强度，MPa；

α——不同种类砌体的修正系数；

μ ——剪压复合受力影响系数；

σ_{yk} ——竖向压应力标准值，MPa。

K. Naraine 等[51]对双向受压砖砌体进行研究并提出了相应的破坏准则，反映的是水平灰缝法向、切向同时作用压应力下的双向受压状态，水平灰缝方向改变时是否依然适用亦有待今后试验验证。

A. W. Page[52]假定块体为弹性体，砂浆为弹塑性体，破坏出现在砂浆被拉坏或者被剪坏的时候，在该模型中，必要的材料参数模型由砌体和块体试验得到，并将集中荷载作用下的砖砌体深梁的试验结果和有限元分析结果进行了比较。

F. Y. Yokel 等[53]通过试验研究了在竖向均布荷载和斜对角集中荷载共同作用下砖砌体的承载力，从而提出了砖砌体破坏的三种失效准则：

① 由最大法向应力导致的失效准则；

② 由最大双轴法向联合主应力控制的失效准则；

③ 由最大拉应变控制的失效准则。

P. B. Lourenco 等[54]研究砌体剪力墙水平力与水平位移之间的关系时，认为三向应力状态下的砌体可能发生两种类型的破坏，即受拉破坏和受压破坏，并提出了相应的受拉破坏准则和受压破坏准则，同时反映了砌体沿水平灰缝法向和切向的正交异性特点。该准则适用于砖砌体、混凝土砌块砌体，能模拟包括下降段在内的受力全过程，不足之处是不能解释剪力墙可能出现的滑移现象。

U. Andreaus[55]将三向应力状态下砌体的破坏归纳为三种类型，即砂浆层的滑移破坏、砖开裂和节点的破坏、砌体的受压破坏，并提出了描述三种破坏的破坏准则，弥补了 P. B. Lourenco 等人提出的破坏准则存在的不足，能够解释平面受力砌体可能出现的各种破坏，即滑移、受拉及受压破坏现象，但因公式中出现的参数较多，过于复杂，直接用于设计和结构分析存在困难和不便，有待简化。

M. Dhanasekar 等[56]对水平灰缝与应力呈不同倾角下的单轴受拉、单轴受压、双向拉-压以及双向受压砌体进行大量的试验研究，总结了砌体裂缝的分布情况。裂缝总是在受力最薄弱面形成，而砂浆层是砌体的薄弱面，因此裂缝或者沿水平灰缝或者大致沿主拉或主压应力方向开展，其中有的沿齿缝发展，有的沿灰缝斜向发展。当应力与水平灰缝呈不同倾角时，裂缝形式亦有所不同，但总的来说符合上述规律，因此可知，当块体强度一定时，提高砂浆强度尤其是砂浆的黏结强度，是提高砌体整体强度的关键。

一般用得最多的是最大压应力和最大拉应力破坏准则，要针对具体的受力状态，确定合理且适用的破坏准则。

1.2.2.6 砌体的高温性能

国内外学者对砌体的高温性能进行了初步的研究。朱伯龙等[57]介绍了采用M2.5和M10砂浆的砌体抗压强度、弹性模量随温度变化规律。对M2.5砂浆砌体来说，经历的温度在400 ℃以下时，其抗压强度有较大的提高，超过400 ℃之后提高幅度缓慢地下降，到800 ℃时仍较常温时有较大提高。而对M10砂浆砌体来说，经历的温度在600 ℃以下时，其抗压强度变化不大，600 ℃之后急剧下降，800 ℃时残余抗压强度仅为常温时的53.5%。

谭巍等[58]对高温后砌体的抗压强度和弹性模量进行了研究，结果表明高温后两者均有较大程度的下降。

S. Russo等[59]对黏土实心砖墙（采用水泥砂浆砌筑）进行了高温抗压试验研究，得到了抗压强度随温度变化规律，结果表明，砖墙的抗压强度在300 ℃高温后略有提高，600 ℃时则平均下降了13%。

1.2.3 目前存在的问题

尽管国内外学者在砌体性能研究方面已经取得了不少成果，但在砌体高温（火灾）性能方面的研究还存在着许多问题。到目前为止，各国学者对高温后砌体的研究系统性不强。

(1) 砂浆是砌体中将块体黏结成整体的胶黏材料，对砌体强度有较大影响，而目前对混合砂浆高温性能的研究资料较少，对其高温及不同冷却方式后力学性能的变化规律未进行系统的研究。

(2) 砖是砌体中的主要组成部分，其对砌体强度的影响显而易见，但目前对砌墙砖耐火性能的研究资料也较少。

(3) 目前对高温后砌体的抗压性能缺乏系统的研究，对高温后砌体抗压强度计算缺乏理论分析，对高温后砌体抗剪及抗弯性能的研究文献则更少，研究温度对砌体的影响还不够深入。

(4) 对高温（火灾）后砌体结构的评估、修复、加固的理论与方法研究较少，对实际应用缺乏指导。

1.3 研究内容

本书的主要内容包括以下几个方面：

(1) 研究高温后混合砂浆的抗压性能，分析其在经历不同高温及不同冷却方式后抗压强度的退化规律和影响因素，为研究砖砌体试件奠定基础。

(2) 研究砌墙砖在经历不同高温及不同冷却方式后的抗压性能，分析其抗压强度的退化规律。

(3) 进行高温后自然冷却条件下砖砌体试件的抗压试验，分析高温后砖砌体的破坏机理，得到高温后砖砌体的受压破坏特征及抗压强度、应力-应变曲线、弹性模量、泊松比等。

(4) 通过埋设在砖砌体试件内部的热电偶测量试件截面温度的分布，利用 ANSYS 软件对不同温度的试件截面温度场进行数值模拟，并与实测温度进行比较。

(5) 参考实测及温度场模拟结果，建立高温后砖砌体的抗压强度计算公式。

(6) 结合砌体结构特点，总结高温后常用的砌体结构现场检测与加固方法。

2 高温后砖砌体材料抗压性能试验研究

2.1 引　　言

砌体结构主要由砂浆和块材组成，砂浆和块材的力学性能，尤其是它们的抗压强度，对砌体结构的抗压强度有重要影响。对于砖砌体结构，当火灾发生时，由于高温作用，砂浆、砖的性能可能会受到影响，进而对砖砌体结构的安全产生影响，因此对高温后砂浆、砖的抗压力学性能进行研究就显得很有必要。

本章对4种不同强度等级的混合砂浆和黏土砖经历不同温度及不同冷却方式后的抗压强度进行了试验，分析了温度和冷却方式对砂浆、黏土砖抗压性能的影响，为分析高温后砖砌体试件的抗压强度提供了依据。

2.2 试验概况

2.2.1 试件制作

2.2.1.1 砂浆试件制作

本试验设计制作了4种强度等级(M2.5、M5、M7.5和M10)的砂浆立方体试件，所采用的水泥是强度等级为32.5级的徐州产巨龙牌复合硅酸盐水泥；砂子是细度模数为2.8的中砂；石灰采用稠度为90 mm的熟石灰膏；砂浆设计稠度为80 mm(由砂浆稠度仪确定)。各强度等级砂浆配合比见表2-1。

表 2-1　各强度等级砂浆配合比

砂浆强度等级	配合比 （水泥∶砂∶石灰膏∶水）
M2.5	1∶8.20∶0.82∶1.30
M5	1∶6.90∶0.65∶1.21
M7.5	1∶6.04∶0.38∶1.12
M10	1∶5.14∶0.21∶1.00

本试验中试件为边长 70.7 mm 的立方体，采用 SJD-60 型强制式单卧轴混凝土搅拌机进行机械搅拌，搅拌时间不少于 2 min，搅拌的用量不少于搅拌机容量的 20%。搅拌均匀后将混合砂浆拌和物倒满边长为 70.7 mm 的三联立方体无底钢试模，采用直径 10 mm、长 350 mm 的捣棒进行振捣，使砂浆略高于试模口，并放置在吸水率不小于 10%、含水率不大于 20% 的烧结普通砖上成型（砖使用面要求平整，凡砖 4 个垂直面粘过水泥或其他胶结材料则不允许再次使用，砖上铺有吸水性较好的报纸，并能盖住砖四边）。当砂浆表面开始出现麻斑时（15～30 min 后），将高出部分的砂浆沿试模顶面削去并抹平。

每种强度等级的砂浆试件做 5 组，其中 1 组（6 块）用来进行常温（10 ℃，下同）下混合砂浆的抗压强度试验，其余 4 组（每组 12 块）用来进行高温后（两种冷却方式）的抗压强度试验，4 种强度等级砂浆试件共计 216 块。试件制作完成后，在温度为（20±5）℃的环境下放置一昼夜，对试件进行编号后拆模（试件编号情况见表 2-2），然后在标准养护条件[温度（20±3）℃，相对湿度 60%～80%，试件之间间隔大于 10 mm，养护龄期 28 d]下进行养护。

表 2-2　砂浆试件分组情况

温度/℃	M2.5 砂浆试件		M5 砂浆试件	
	自然冷却	喷水冷却	自然冷却	喷水冷却
200	A1	A2	B1	B2
400	A3	A4	B3	B4
600	A5	A6	B5	B6
800	A7	A8	B7	B8

表 2-2(续)

温度/℃	M7.5 砂浆试件		M10 砂浆试件	
	自然冷却	喷水冷却	自然冷却	喷水冷却
200	C1	C2	D1	D2
400	C3	C4	D3	D4
600	C5	C6	D5	D6
800	C7	C8	D7	D8

注:常温下 M2.5、M5、M7.5、M10 砂浆试件的编号分别为 A0、B0、C0、D0。

2.2.1.2 砖试件制作

首先将砖块切断成两个半截砖,断开的半截砖长不小于100 mm,并将其放入常温的净水中浸置 10～20 min 后取出。然后将半截砖以断口相反方向叠放,中间用厚度不超过 5 mm 的用强度等级为 32.5 级的复合硅酸盐水泥调制成的稠度适宜的水泥净浆黏结,上下两面用厚度不超过 3 mm 的同种水泥净浆抹平。制成的试件上下两面应相互平行,并垂直于侧面,示意图及实物见图 2-1。常温下试件的制作与之相同。试件制作完成后,将其放置于温度在

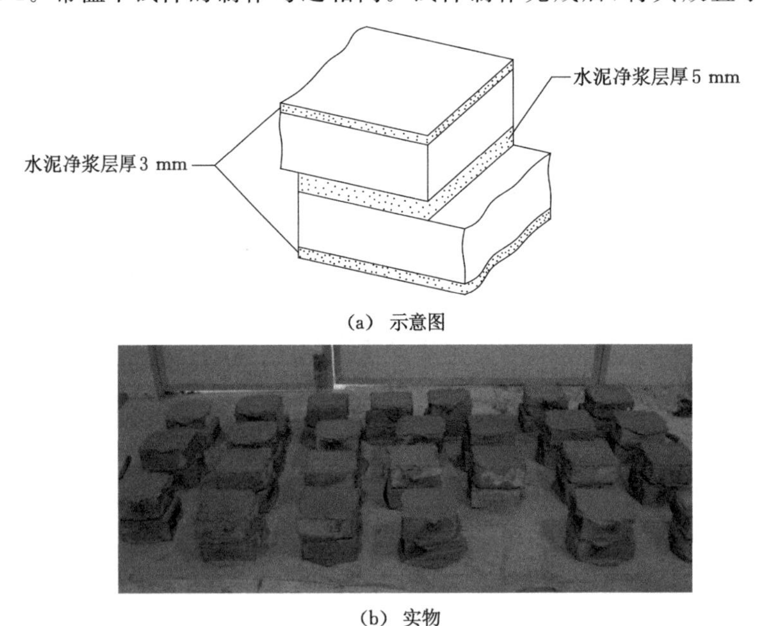

(a) 示意图

(b) 实物

图 2-1 砖试件

10 ℃以上的不通风室内养护 3 d 后进行试验。

砖试件共做 5 组，其中 1 组用来进行常温下砖的抗压强度试验，其余 4 组用来进行高温后的抗压强度试验。用来进行常温下试验的 1 组试件共 10 块，用来进行高温后试验的 4 组试件每组 20 块(10 块自然冷却，10 块喷水冷却)，5 组共 90 块，分组情况见表 2-3。

表 2-3 砖试件分组情况

温度/℃	自然冷却	喷水冷却
200	E1	E2
400	E3	E4
600	E5	E6
800	E7	E8

注：常温下砖试件的编号为 E0。

2.2.2 高温试验

2.2.2.1 加热设备

加热设备采用 GWD-05 型节能试验电炉，功率为 30 kW，最高温度可达 1 100 ℃，升温速率约为 5 ℃/min，加热温度及恒温时间通过与电炉配套的控温柜进行控制。GWD-05 型节能试验电炉见图 2-2，其配套的控温柜见图 2-3。

图 2-2 GWD-05 型节能试验电炉

图 2-3　GWD-05 型节能试验电炉配套的控温柜

2.2.2.2　加热制度

为研究不同温度后砂浆和砖的抗压强度退化规律，本试验选取 4 个温度（200 ℃、400 ℃、600 ℃和 800 ℃）进行高温试验。

本试验采用如下加热制度：按 5 ℃/min 的升温速率，将砂浆试件和砖试件置于 GWD-05 型节能试验电炉中加热至预设温度后，恒温 60 min 取出。

2.2.2.3　冷却方式

砂浆试件和砖试件在炉中加热至预设温度并恒温后，打开炉盖，迅速从炉内取出试件，分别采用自然冷却和喷水冷却两种方式进行冷却，冷却至常温静置 3 d 后进行抗压强度试验。

2.2.3 加载系统

2.2.3.1 砂浆试件加载方式

砂浆试件采用液压式万能试验机(图 2-4)进行加载:将试件安放在试验机的下压板上,试件中心与下压板中心对准。启动试验机,当上压板与试件接近时,调整球座,使接触面均衡受压。试验应连续均匀加荷,加荷速度为 0.5~1.5 kN/s(对 M5 及以下强度等级的砂浆取 0.5 kN/s,其他强度等级的砂浆取 1.5 kN/s),当试件接近破坏而开始迅速变形时,试验停止,记录破坏荷载。

图 2-4 液压式万能试验机

2.2.3.2 砖试件加载方式

砖试件的抗压强度试验在 YE-200 型液压式压力试验机(图 2-5)上完成。将养护好的试件平放在加压板的中央,并垂直于受压面,应均匀平稳加压,不得发生冲击或振动，加荷速度以 4 kN/s 为宜，直至试件破坏，记录最大破坏荷载。

图 2-5　YE-200 型液压式压力试验机

2.3　试验结果

2.3.1　高温后试件表面特征

2.3.1.1　砂浆试件表面特征

不同强度等级砂浆试件由常温加热到 200 ℃、400 ℃、600 ℃、800 ℃，分别经自然冷却和喷水冷却后表面特征见图 2-6。

砂浆试件加热到不同温度后经冷却，其物理状态发生变化，表面特征汇总情况见表 2-4。

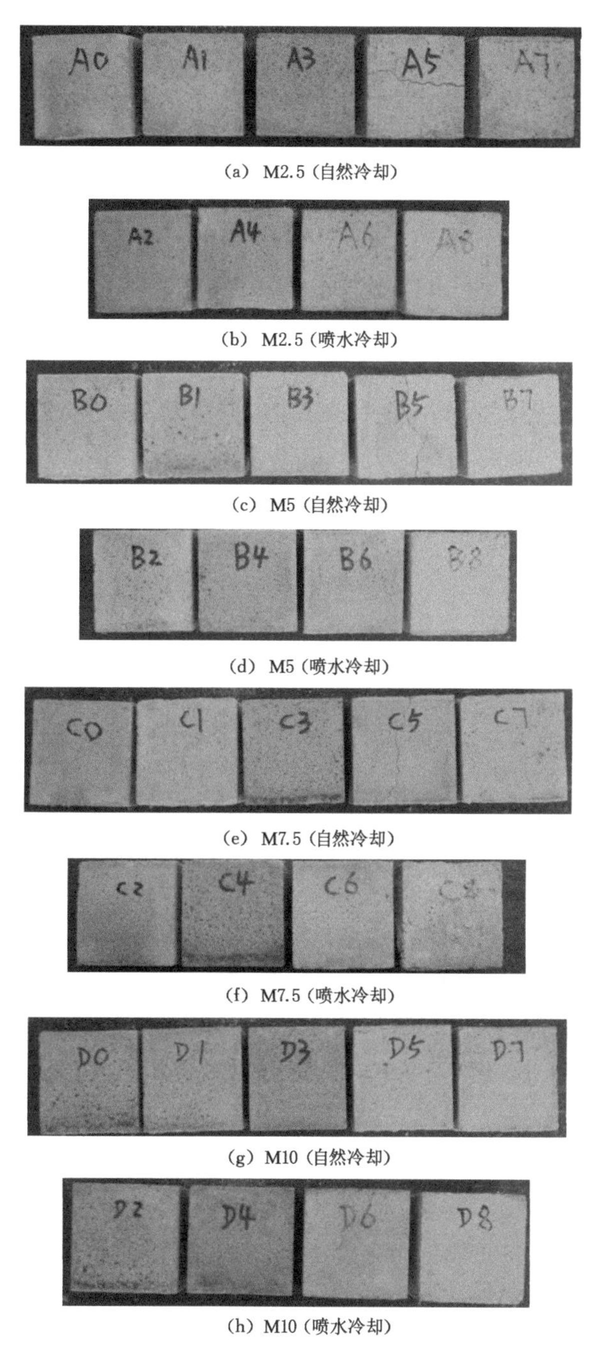

(a) M2.5（自然冷却）

(b) M2.5（喷水冷却）

(c) M5（自然冷却）

(d) M5（喷水冷却）

(e) M7.5（自然冷却）

(f) M7.5（喷水冷却）

(g) M10（自然冷却）

(h) M10（喷水冷却）

图 2-6 高温后不同强度等级砂浆试件表面特征

表 2-4　高温后砂浆试件表面特征汇总情况

温度/℃	颜色	裂缝	掉皮	缺角	疏松状况	有无爆裂
200	同常温下试件的颜色	无	无	无	无	无
400	淡粉红色	有	无	无	无	无
600	粉红色	有	无	无	较疏松	无
800	灰白色 (喷水静置后表面泛白霜)	有	轻微	无	疏松	无(自然冷却) 有(喷水冷却)

高温试验中，加热到 800 ℃，采用喷水冷却后，有相当部分的试件发生爆裂(图 2-7)，爆裂程度不同，有的完全散落，有的则是表面剥落。喷水冷却后爆裂现象的发生可能有两方面原因：一是由于过高的温度使砂浆的内部成分发生分解，导致内部产生裂缝，削弱了砂浆的强度，包括抗拉强度；二是由于高温使砂浆内部水分失去，导致砂浆结构变得疏松，产生孔隙，喷水后产生大量的水蒸气，体积迅速膨胀，产生超过砂浆抗拉强度的作用力，在水蒸气产生的膨胀力作用下，砂浆试件发生爆裂。

(a)

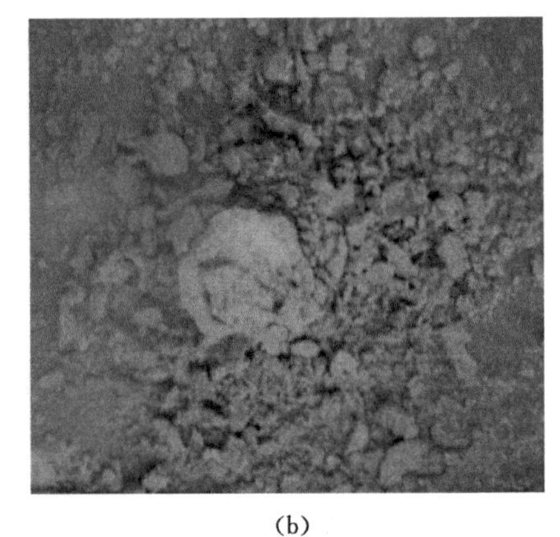

(b)

图 2-7　喷水冷却后砂浆试件爆裂

砂浆试件在升温过程中从常温至 400 ℃，由于试件中所含自由水的蒸发，失重较快；400～600 ℃时，水泥浆体中化学结合水脱出，失重继续加剧；600～800 ℃时，水泥水化生成的 $Ca(OH)_2$ 及组分中的石灰膏分解脱水，继续失重。

2.3.1.2　砖试件表面特征

经历4种温度后，砖试件本身并无明显变化，只是随着温度的升高，颜色略有变浅。同时对于800 ℃、经喷水冷却后的砖试件，表面有很轻微掉渣现象。

2.3.2　高温后砂浆试件抗压强度退化规律及原因分析

2.3.2.1　高温后砂浆试件抗压强度退化规律

本书对4种强度等级、216块边长为70.7 mm的立方体砂浆试件进行了抗压试验，计算的抗压强度数值中，如果6块试件中的最大值或最小值与平均值的差值超过平均值的20%，则取中间4个值的平均值。对于800 ℃后产生爆裂的试件，计算抗压强度时予以剔除。

砂浆试件抗压强度按以下公式计算：

$$f_{cs}=\frac{N_s}{A_s} \tag{2-1}$$

式中　f_{cs}——砂浆试件抗压强度，MPa；

N_s——破坏荷载，N；

A_s——砂浆试件承压面积，mm^2。

高温后不同强度等级砂浆试件实测破坏荷载及抗压强度计算结果见表2-5～表2-12。

表2-5　高温后M2.5砂浆试件实测破坏荷载　　单位：kN

编号	常温	200 ℃		400 ℃		600 ℃		800 ℃	
		自然冷却	喷水冷却	自然冷却	喷水冷却	自然冷却	喷水冷却	自然冷却	喷水冷却
	A0	A1	A2	A3	A4	A5	A6	A7	A8
1	20.5	17.5	17.7	18.2	15.4	6.6	14.2	5.9	13.1
2	15.4	16.0	26.9	14.9	21.8	7.5	15.7	6.9	11.9
3	15.6	14.4	16.7	9.4	17.0	7.6	19.3	5.1	13.0
4	21.9	12.6	17.5	16.4	13.0	9.1	20.1	6.2	—
5	20.4	16.0	23.1	11.7	16.7	10.5	20.3	6.0	—
6	17.8	15.4	17.3	11.1	17.0	10.7	14.6	6.5	—

表 2-6 高温后 M2.5 砂浆试件抗压强度计算结果

温度/℃	自然冷却		喷水冷却	
	抗压强度平均值/MPa	$\frac{\overline{f}_{cs}'}{\overline{f}_{cs}}$	抗压强度平均值/MPa	$\frac{\overline{f}_{cs}'}{\overline{f}_{cs}}$
200	3.06	0.823	3.78	1.016
400	2.71	0.728	3.31	0.890
600	1.74	0.468	3.47	0.933
800	1.22	0.328	2.53	0.680

注:① $\overline{f}_{cs}$、$\overline{f}_{cs}'$ 分别代表常温下、高温后砂浆试件抗压强度平均值,下同。

② $\overline{f}_{cs}$取 3.72 MPa。

表 2-7 高温后 M5 砂浆试件实测破坏荷载 单位:kN

编号	常温	200 ℃		400 ℃		600 ℃		800 ℃	
		自然冷却	喷水冷却	自然冷却	喷水冷却	自然冷却	喷水冷却	自然冷却	喷水冷却
	B0	B1	B2	B3	B4	B5	B6	B7	B8
1	20.0	15.3	21.5	13.1	20.1	8.4	22.7	7.8	13.8
2	18.0	16.8	28.9	20.1	18.0	10.5	20.2	7.3	14.5
3	27.0	20.9	22.2	16.3	19.5	7.0	22.9	6.9	—
4	25.4	24.8	20.7	16.6	16.0	11.2	16.1	7.1	—
5	25.8	17.4	30.2	14.4	16.1	11.8	15.7	6.8	—
6	27.4	24.8	21.4	21.5	19.1	9.8	18.2	7.7	—

表 2-8 高温后 M5 砂浆试件抗压强度计算结果

温度/℃	自然冷却		喷水冷却	
	抗压强度平均值/MPa	$\frac{\overline{f}_{cs}'}{\overline{f}_{cs}}$	抗压强度平均值/MPa	$\frac{\overline{f}_{cs}'}{\overline{f}_{cs}}$
200	4.00	0.815	4.70	0.957
400	3.37	0.686	3.63	0.739
600	2.00	0.407	3.86	0.786
800	1.45	0.295	2.83	0.576

注:$\overline{f}_{cs}$取 4.91 MPa。

表 2-9 高温后 M7.5 砂浆试件实测破坏荷载　　单位:kN

编号	常温	200 ℃		400 ℃		600 ℃		800 ℃	
		自然冷却	喷水冷却	自然冷却	喷水冷却	自然冷却	喷水冷却	自然冷却	喷水冷却
	C0	C1	C2	C3	C4	C5	C6	C7	C8
1	36.7	36.5	32.6	35.4	41.8	17.8	42.8	12.9	20.0
2	46.8	33.1	37.7	27.3	38.1	15.5	42.5	11.0	27.1
3	48.7	36.3	55.8	31.6	45.0	17.4	43.4	11.5	—
4	37.7	45.8	39.2	38.3	38.0	23.2	38.1	14.9	—
5	39.7	33.6	49.3	33.9	37.7	15.1	40.9	12.5	—
6	49.6	36.0	52.2	29.0	39.3	20.3	51.0	13.5	—

表 2-10 高温后 M7.5 砂浆试件抗压强度计算结果

温度/℃	自然冷却		喷水冷却	
	抗压强度平均值/MPa	$\frac{\overline{f}_{cs}'}{\overline{f}_{cs}}$	抗压强度平均值/MPa	$\frac{\overline{f}_{cs}'}{\overline{f}_{cs}}$
200	7.12	0.824	8.92	1.032
400	6.51	0.753	7.99	0.925
600	3.55	0.411	8.63	0.999
800	2.54	0.294	4.71	0.545

注:$\overline{f}_{cs}$取 8.64 MPa。

表 2-11 高温后 M10 砂浆试件实测破坏荷载　　单位:kN

编号	常温	200 ℃		400 ℃		600 ℃		800 ℃	
		自然冷却	喷水冷却	自然冷却	喷水冷却	自然冷却	喷水冷却	自然冷却	喷水冷却
	D0	D1	D2	D3	D4	D5	D6	D7	D8
1	56.8	51.6	60.6	43.4	68.9	29.0	81.3	20.3	34.4
2	59.5	52.5	81.8	48.0	69.6	33.2	63.1	18.0	33.2
3	60.9	44.2	89.2	43.1	63.8	24.1	92.1	19.1	33.1
4	56.8	58.1	72.1	33.6	66.0	29.4	74.7	21.5	36.3
5	61.2	42.3	86.3	43.2	84.8	27.0	71.1	19.9	—
6	58.6	42.2	66.7	40.0	60.2	28.0	78.3	23.1	—

表 2-12 高温后 M10 砂浆试件抗压强度计算结果

温度/℃	自然冷却		喷水冷却	
	抗压强度平均值/MPa	$\frac{\overline{f}_{cs}'}{\overline{f}_{cs}}$	抗压强度平均值/MPa	$\frac{\overline{f}_{cs}'}{\overline{f}_{cs}}$
200	9.70	0.822	15.35	1.301
400	8.38	0.710	13.42	1.137
600	5.69	0.482	15.36	1.302
800	4.06	0.344	6.85	0.581

注：$\overline{f}_{cs}$取 11.80 MPa。

根据上述表格可知：

（1）高温后砂浆试件采用自然冷却方式时：

① M2.5 砂浆试件在经历 200 ℃、400 ℃、600 ℃和 800 ℃后抗压强度分别下降约 17.7%、27.2%、53.2%和 67.2%；

② M5 砂浆试件在经历 200 ℃、400 ℃、600 ℃和 800 ℃后抗压强度分别下降约 18.5%、31.4%、59.3%和 70.5%；

③ M7.5 砂浆试件在经历 200 ℃、400 ℃、600 ℃和 800 ℃后抗压强度分别下降约 17.6%、24.7%、58.9%和 70.6%；

④ M10 砂浆试件在经历 200 ℃、400 ℃、600 ℃和 800 ℃后抗压强度分别下降约 17.8%、29.0%、51.8%和 65.6%。

（2）高温后砂浆试件采用喷水冷却方式时：

① M2.5 砂浆试件在经历 200 ℃后抗压强度升高约 1.6%，经历 400 ℃、600 ℃和 800 ℃后抗压强度分别下降约 11.0%、6.7%和 32.0%；

② M5 砂浆试件在经历 200 ℃、400 ℃、600 ℃和 800 ℃后抗压强度分别下降约 4.3%、26.1%、21.4%和 42.4%；

③ M7.5 砂浆试件在经历 200 ℃后抗压强度升高约 3.2%，经历 400 ℃、600 ℃和 800 ℃后抗压强度分别下降约 7.5%、0.1%和 45.5%；

④ M10 砂浆试件在经历 200 ℃、400 ℃和 600 ℃后抗压强度分别升高约 30.1%、13.7%和 30.2%，经历 800 ℃后抗压强度下降约 41.9%。

高温后不同强度等级砂浆试件的 $\overline{f}_{cs}'/\overline{f}_{cs}$ 曲线见图 2-8。

由图 2-8 可知，随着温度的升高，砂浆试件的抗压强度呈下降的趋势；同种强度等级的砂浆试件在相同温度下，经喷水冷却后的抗压强度比经自然冷

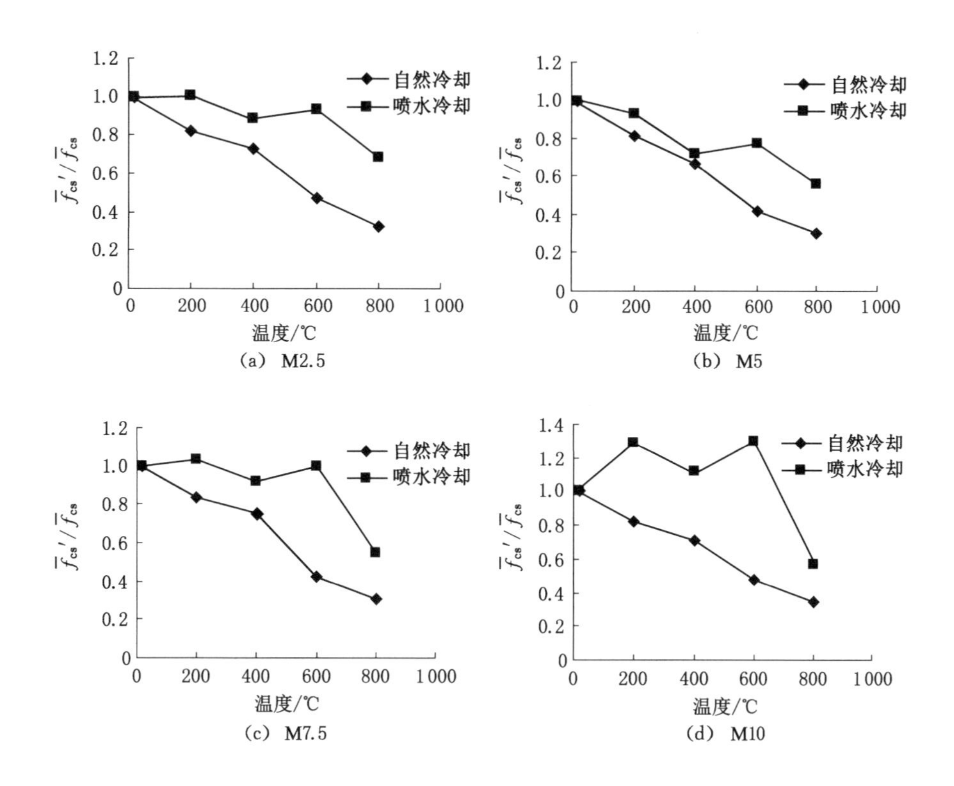

图 2-8　高温后不同强度等级砂浆试件的 $\overline{f}_{cs}'/\overline{f}_{cs}$ 曲线

却后的抗压强度要高。

在对试验数据进行分析的基础上，本书采用“二次多项式”拟合方法对高温后不同强度等级砂浆试件的抗压强度退化规律进行拟合，拟合公式(式中 T 为温度)如下：

(1) M2.5 砂浆试件：

① 自然冷却：

$$\frac{\overline{f}_{cs}'}{\overline{f}_{cs}} = 1.0026 - 1 \times 10^{-7} T^2 - 7 \times 10^{-4} T \quad (10\ ℃ \leqslant T \leqslant 800\ ℃) \tag{2-2a}$$

② 喷水冷却：

$$\frac{\overline{f}_{cs}'}{\overline{f}_{cs}} = 0.9878 - 6 \times 10^{-7} T^2 + 2 \times 10^{-4} T \quad (10\ ℃ \leqslant T \leqslant 800\ ℃) \tag{2-2b}$$

(2) M5 砂浆试件：

① 自然冷却：

$$\frac{\overline{f}_{cs}'}{\overline{f}_{cs}} = 1.0096 - 1 \times 10^{-7} T^2 - 1 \times 10^{-3} T \quad (10\ ℃ \leqslant T \leqslant 800\ ℃) \tag{2-3a}$$

② 喷水冷却：

$$\frac{\overline{f}_{cs}'}{\overline{f}_{cs}} = 1.0016 - 2 \times 10^{-8} T^2 - 5 \times 10^{-4} T \quad (10\ ℃ \leqslant T \leqslant 800\ ℃) \tag{2-3b}$$

(3) M7.5 砂浆试件：

① 自然冷却：

$$\frac{\overline{f}_{cs}'}{\overline{f}_{cs}} = 1.0037 - 2 \times 10^{-7} T^2 - 7 \times 10^{-4} T \quad (10\ ℃ \leqslant T \leqslant 800\ ℃) \tag{2-4a}$$

② 喷水冷却：

$$\frac{\overline{f}_{cs}'}{\overline{f}_{cs}} = 0.9691 - 1 \times 10^{-6} T^2 + 7 \times 10^{-4} T \quad (10\ ℃ \leqslant T \leqslant 800\ ℃) \tag{2-4b}$$

(4) M10 砂浆试件：

① 自然冷却：

$$\frac{\overline{f}_{cs}'}{\overline{f}_{cs}} = 1.0040 - 4 \times 10^{-8} T^2 - 8 \times 10^{-4} T \quad (10\ ℃ \leqslant T \leqslant 800\ ℃) \tag{2-5a}$$

② 喷水冷却：

$$\frac{\overline{f}_{cs}'}{\overline{f}_{cs}} = 0.9686 - 3 \times 10^{-6} T^2 + 2 \times 10^{-3} T \quad (10\ ℃ \leqslant T \leqslant 800\ ℃) \tag{2-5b}$$

高温后不同强度等级砂浆试件的 $\overline{f}_{cs}'/\overline{f}_{cs}$ 拟合曲线见图 2-9。

由图 2-9 可知，拟合曲线较好地反映了砂浆试件抗压强度在自然冷却方式后的变化规律，但由于喷水冷却后，砂浆试件抗压强度变化随机性增大，拟合的精度有所降低。

高温后不同强度等级砂浆试件的 $\overline{f}_{cs}'/\overline{f}_{cs}$ 的二次多项式拟合公式可统一如下：

$$\frac{\overline{f}_{cs}'}{\overline{f}_{cs}} = A - B \times 10^{-7} T^2 - C \times 10^{-4} T \quad (10\ ℃ \leqslant T \leqslant 800\ ℃) \quad (2\text{-}6)$$

式中 A,B,C——系数，具体见表 2-13。

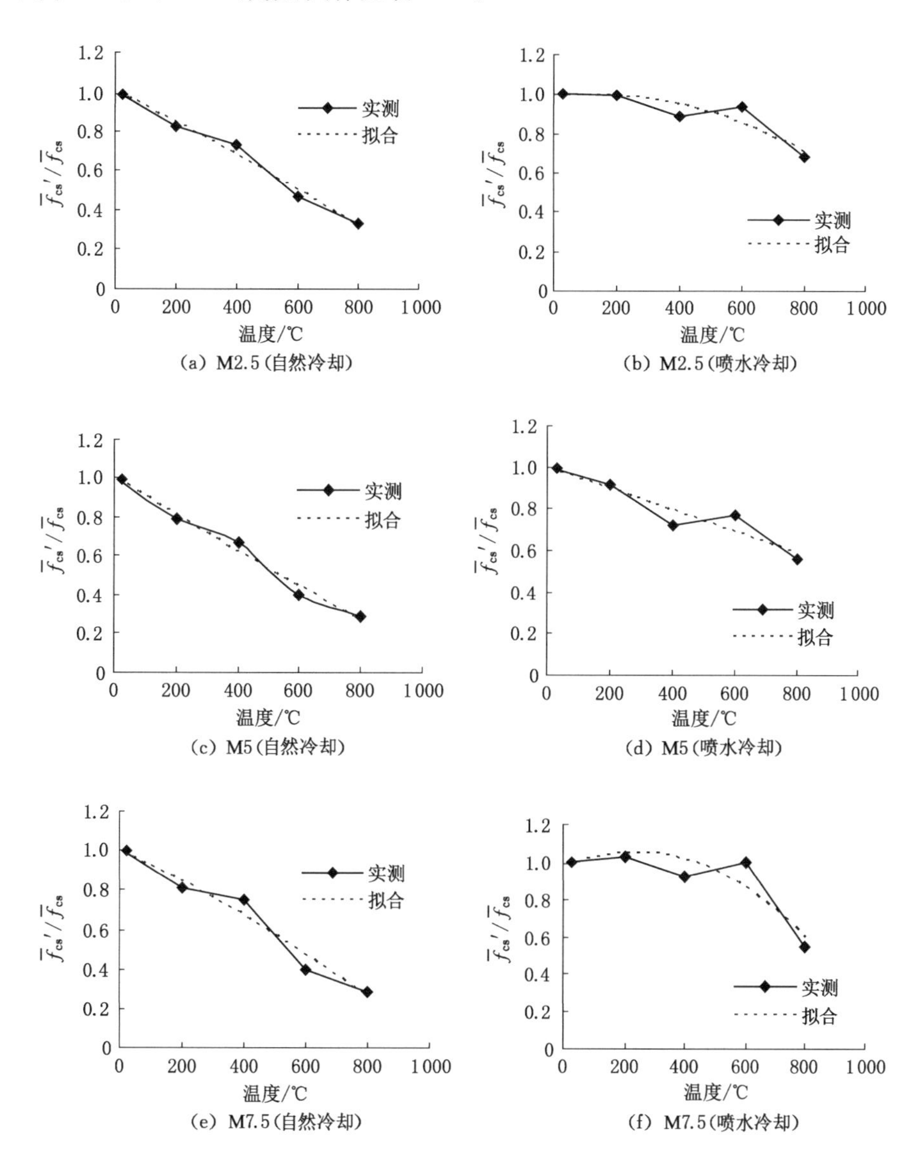

图 2-9 高温后不同强度等级砂浆试件的 $\overline{f}_{cs}'/\overline{f}_{cs}$ 拟合曲线

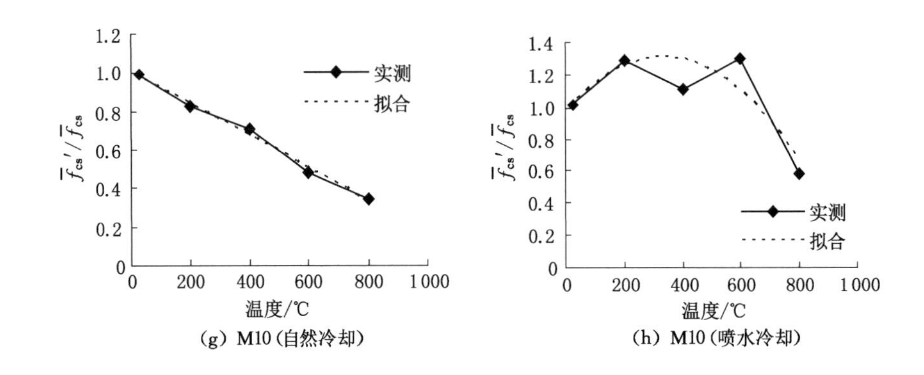

(g) M10(自然冷却)　　(h) M10(喷水冷却)

图 2-9 (续)

表 2-13　高温后不同强度等级砂浆试件的 $\overline{f}_{cs}'/\overline{f}_{cs}$ 拟合公式系数表

强度等级	冷却方式	A	B	C
M2.5	自然冷却	1.002 6	1	7
	喷水冷却	0.987 8	6	−2
M5	自然冷却	1.009 6	1	10
	喷水冷却	1.001 6	0.2	5
M7.5	自然冷却	1.003 7	2	7
	喷水冷却	0.969 1	10	−7
M10	自然冷却	1.004 0	0.4	8
	喷水冷却	0.968 6	30	−20

2.3.2.2　高温后砂浆试件抗压强度退化原因分析

4 种强度等级的砂浆试件由常温加热到 800 ℃,经历不同冷却方式后,抗压强度发生了一定的变化。

(1) 自然冷却

自然冷却后砂浆试件抗压强度是逐渐下降的,而且温度越高,抗压强度下降越多。

200 ℃后,4 种强度等级砂浆试件的抗压强度平均下降约 20%,主要原因是骨料(中砂)与水泥浆体的热膨胀系数不同导致微小的内部裂缝形成,并且内部自由水蒸发时产生的热应力使砂浆试件内部结构变得疏松,削弱了抗压强度。

400 ℃后,4 种强度等级砂浆试件的抗压强度平均下降约 30%,主要原因是高温作用使内部结晶水开始散失,水化物开始分解,骨料与水泥浆体的热变形差继续增大,导致裂缝继续开展,抗压强度降低。

600 ℃后,4 种强度等级砂浆试件的抗压强度明显下降,平均下降约 60%,主要原因是内部结晶水大部丧失及水化物大部分解,其组成部分熟石灰[$Ca(OH)_2$]开始分解后形成更多的孔隙,造成砂浆试件内部结构的进一步疏松,砂浆试件表面也开始出现明显裂缝,并不断开展,从而造成抗压强度急剧下降。

800 ℃后,4 种强度等级砂浆试件的抗压强度平均下降约 70%,主要原因是水泥水化物基本分解,水泥石产生较大收缩,而骨料却发生膨胀,造成骨料与水泥石之间裂缝逐渐扩大,砂浆试件表面裂缝进一步开展,并且由于熟石灰的进一步分解,砂浆试件内部结构变得更为疏松,抗压强度严重降低。

(2) 喷水冷却

对于喷水冷却后砂浆试件抗压强度的变化规律,随温度的升高,显示出与自然冷却后不同的变化规律。

600 ℃及以下时,与自然冷却后相比,砂浆试件的抗压强度均有一定程度的提高,有些甚至高于常温时的抗压强度。这是由于高温喷水后,试件与水充分接触,使得原来的水化物脱水后又重新生成新的水化物,在一定程度上对高温形成的微裂缝进行了修补,缓解了由于高温造成的损害。

800 ℃喷水后,部分砂浆试件出现爆裂现象,没有发生爆裂的砂浆试件,其抗压强度约降至常温时的一半,但仍几乎达到自然冷却后砂浆试件抗压强度的 2 倍。这可能是由于喷水后产生的水蒸气的膨胀力没有超过砂浆试件的抗拉强度,而且砂浆成分中的 $Ca(OH)_2$ 分解产生 CaO,喷水后又发生化学反应重新生成 $Ca(OH)_2$,填充在高温后留下的孔隙中,且 $Ca(OH)_2$ 本身也具有一定的胶结料的功能,喷水后生成的 $Ca(OH)_2$ 在砂浆试件内部起到胶结作用,使抗压强度得到提高。

2.3.3 高温后砂浆成分的 X 射线衍射分析[60]

由于高温后骤然喷水,加上又静置一段时间,砂浆除发生一定的物理变化外,还可能发生化学反应生成新的物质,从而影响其抗压强度,所以有必要对砂浆不同冷却方式后的成分进行分析，这里采用X射线衍射分析，目的是进一步寻找喷水后砂浆抗压强度变化的原因。

2.3.3.1 X射线衍射简介

1895年，德国的伦琴教授发现了X射线，为以后物理学的发展开辟了新的领域。X射线是波长在0.01～100 Å(1 Å=0.1 nm，下同)之间的一种电磁波，与晶体中的原子间距(1 Å)数量级相同。

X射线射入晶体后，晶体中每个原子的核外电子受激而同步振动，振动着的电子作为新的辐射源向四周放射波长与原入射线相同的次生X射线，并且相干波彼此发生干涉，当每两个相邻波源在某一方向的光程差等于波长的整倍数时，它们的波峰与波峰将相互叠加而得到最大限度的加强，这种波的加强叫作衍射，相应的方向叫作衍射方向。

X射线衍射技术发展至今，已形成了三种完整的应用技术：X射线形貌技术、X射线光谱技术和X射线衍射技术。其中X射线衍射技术是利用X射线在晶体、非晶体中的衍射与散射效应，进行物相的定性和定量分析、结构类型和不完整性分析的技术，这是目前作为常规的分析测试手段使用最多和最广泛的技术，其中又以粉晶衍射法研究最多。

2.3.3.2 粉晶X射线衍射原理

用特征X射线射到粉末上获得衍射谱图或数据的方法称为粉晶衍射法或粉末衍射法。当单色X射线照到粉晶样品上时，若其中一个晶粒的一组面网取向和入射线的延长线夹角为θ，满足衍射条件，则在衍射角2θ处产生衍射，如图2-10(a)所示。由于晶粒的取向随机，与入射线夹角为2θ的衍射线不止一条，而是顶角为$2\theta\times2$的衍射圆锥面，如图2-10(b)所示。晶体中有许多面网组，其衍射线相应地形成许多以样品为中心、入射线为轴、张角不同的系列衍射圆锥面，即粉晶X射线衍射形成中心角不同的系列衍射锥，如图2-11所示。如果使粉晶衍射仪的探测器以一定的角度绕样品旋转，则可接收到粉晶中不同面网、不同取向的全部衍射线，获得相应的衍射谱图。

任何结晶物质都有其特定的化学组成和结构特征(包括点阵类型、晶胞大小、晶胞中质点的数目及坐标等)，当X射线通过结晶物质时，会产生特定的衍射图形，对应一系列特定的面间距和相对强度。其中面间距与晶胞形状及大小有关，相对强度与质点的种类及位置有关，所以，任何一种结晶物质的衍射数据(面间距和相对强度)是其晶体结构的必然反映。不同物相混在一起

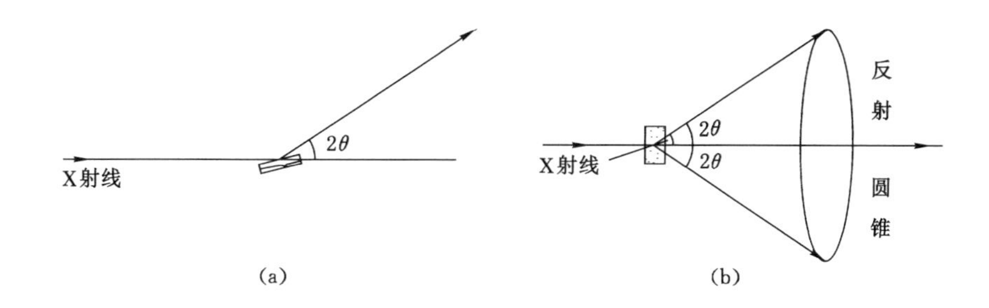

图 2-10 粉晶产生衍射情况

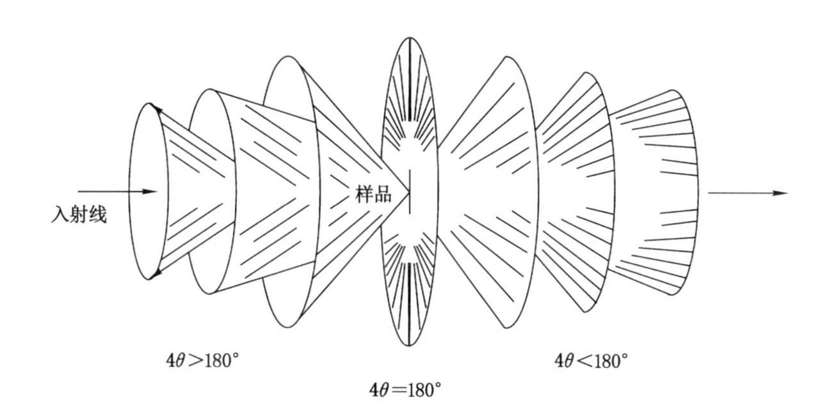

图 2-11 粉晶衍射圆锥面分布

时，它们各自的衍射数据将同时出现，互不干扰地叠加在一起，因此，可根据 X 射线照射到晶体所产生的衍射特征图，即衍射线的方向及强度来鉴定晶体物相，从而推知物质的主要化学组成。

2.3.3.3 高温后砂浆成分衍射分析结果

本试验采用的 X 射线衍射仪为日本理学公司生产的 D/Max-ⅢA 型X 射线衍射仪(图 2-12)，其主要技术指标如下：

电压、电流稳定度：±0.03%；θ精确度：±0.002°；温度：高温小于 1 500 ℃，低温大于−180 ℃；小角散射：2′～5°。

本次分析选择的砂浆为 M10 砂浆，经历温度为 600 ℃，冷却方式为自然冷却和喷水冷却，称为组 1。

图 2-13 是组 1 砂浆 X 射线衍射分析结果，通过对测试结果进行数据检

图 2-12　D/Max-ⅢA 型 X 射线衍射仪

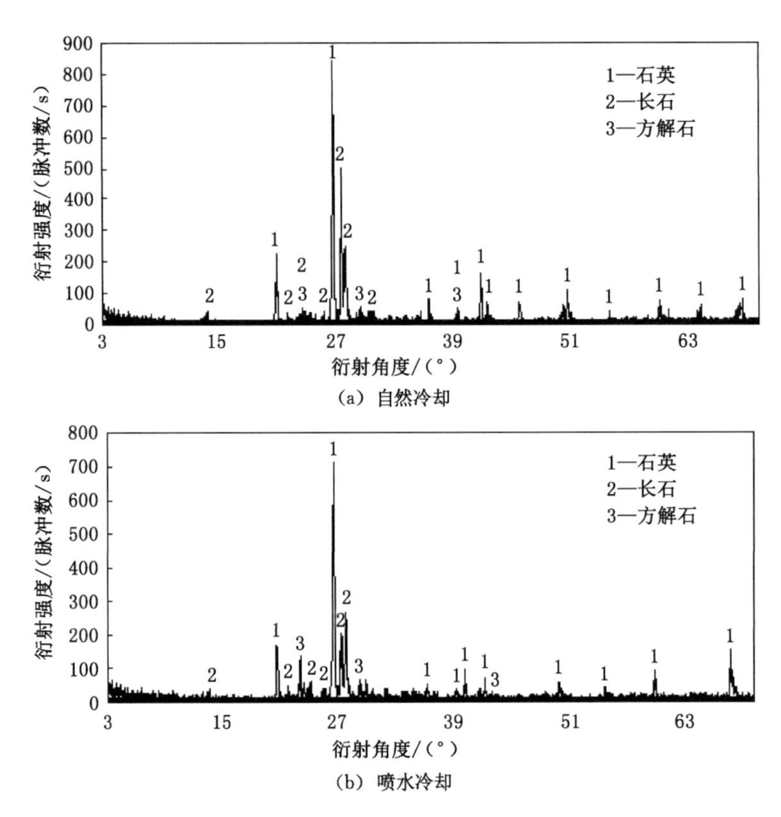

(a) 自然冷却

(b) 喷水冷却

图 2-13　组 1 砂浆 X 射线衍射分析结果

索,在图中分别标出了衍射结果比较明显的一些成分。

通过分析并检索衍射数据后可知,组 1 中峰值比较突出的点所表示的成分主要有三种:石英、长石和方解石($CaCO_3$),由于其他成分在衍射分析结果图中表现不明显,难以明确判断其成分及大致含量。但是除了石英、长石外,其他峰不太明显,分析起来结果不够准确,因此需改变试验方案再次进行 X 射线衍射分析。

鉴于混合砂浆中砂子的主要成分为石英、长石,而砂子在砂浆中只起到骨架作用,且高温后并不与其他成分发生反应。为了使衍射结果易于分析比较,本次试验选用一组配比、条件与组 1 相同,但不掺加砂子的砂浆(称为组 2)进行 X 射线衍射分析,结果见图 2-14。

通过分析可知,静置一段时间后砂浆成分中有 $CaCO_3$ 生成,三种情况下 $CaCO_3$ 含量从大到小依次为:喷水冷却、常温、自然冷却(由图 2-14 中同成分

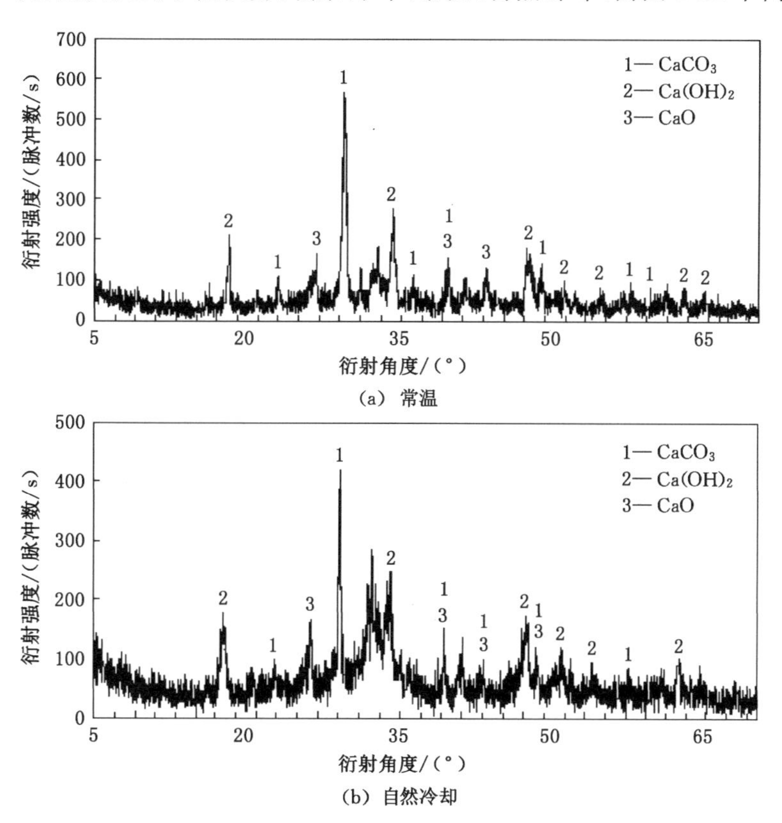

图 2-14　组 2 砂浆 X 射线衍射分析结果

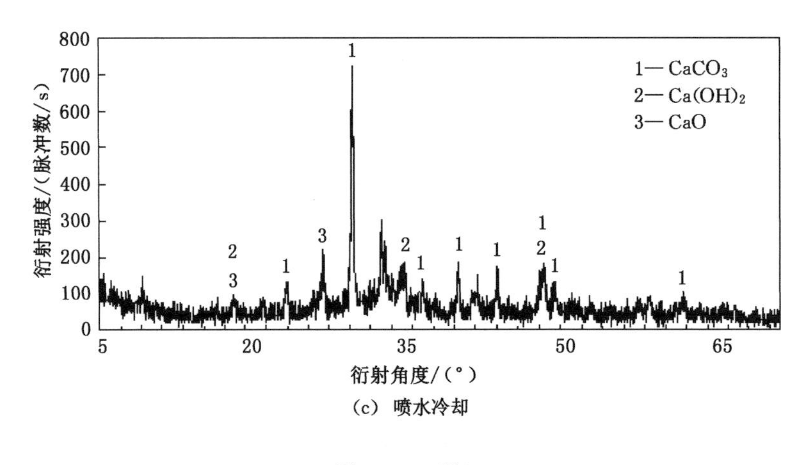

(c) 喷水冷却

图 2-14 (续)

的峰值判断)。$CaCO_3$生成的原因可能是由于高温后水泥水化物及石灰膏分解,生成 CaO,喷水后,CaO 与水发生反应生成 $Ca(OH)_2$,在静置过程中 $Ca(OH)_2$又与空气中的 CO_2反应生成一定量的 $CaCO_3$。

而 $CaCO_3$生成量的多少,主要是由砂浆成分中 $Ca(OH)_2$的多少决定的。对于喷水冷却情况来说,喷水后高温分解得到较多的 CaO 直接与水接触发生反应,生成较多的 $Ca(OH)_2$,在静置过程中 $Ca(OH)_2$再与 CO_2反应生成较多的 $CaCO_3$;对于自然冷却情况来说,高温后砂浆成分中的 $Ca(OH)_2$多数分解成 CaO,$Ca(OH)_2$量减少,生成的 $CaCO_3$就较少。

总之,引起砂浆强度变化的原因主要有以下几个方面:

① 高温作用使砂浆内部的水分蒸发,并且使其中的 $Ca(OH)_2$分解,在砂浆内部形成裂缝和孔隙;

② 骨料与水泥浆体的热力学性能不一致,在高温作用下产生了不同的变形,从而产生应力,形成了裂缝;

③ 砂浆喷水冷却并经放置后发生化学变化,生成了更多的 $CaCO_3$。

2.3.4 高温后砖试件抗压强度退化规律及原因分析

2.3.4.1 高温后砖试件抗压强度退化规律

本书对经历 4 种不同温度后的砖试件进行了抗压强度试验,砖试件破坏示意图见图 2-15,实测最大破坏荷载见表 2-14。砖试件的抗压强度按下式计算：

$$f_{cz} = \frac{P}{LB} \tag{2-7}$$

式中　f_{cz}——砖试件抗压强度，MPa；

P——最大破坏荷载，N；

L——受压面(连接面)的长度，mm；

B——受压面(连接面)的宽度，mm。

图 2-15　砖试件破坏示意图

表 2-14　砖试件实测最大破坏荷载　　单位：kN

编号	常温	200 ℃		400 ℃		600 ℃		800 ℃	
		自然冷却	喷水冷却	自然冷却	喷水冷却	自然冷却	喷水冷却	自然冷却	喷水冷却
	E0	E1	E2	E3	E4	E5	E6	E7	E8
1	220.0	218.0	136.0	251.0	221.0	148.0	191.5	133.5	148.0
2	231.0	299.0	253.0	211.0	263.0	212.0	202.0	135.0	186.0
3	231.0	138.0	294.0	225.0	254.0	159.0	185.0	186.0	109.0
4	198.0	282.0	253.0	158.0	237.0	265.0	175.0	119.5	216.0
5	246.0	229.0	257.0	195.0	170.0	284.0	163.0	139.5	190.0

表 2-14(续)

编号	常温	200 ℃		400 ℃		600 ℃		800 ℃	
		自然冷却	喷水冷却	自然冷却	喷水冷却	自然冷却	喷水冷却	自然冷却	喷水冷却
	E0	E1	E2	E3	E4	E5	E6	E7	E8
6	272.0	232.0	268.0	259.0	189.0	350.0	142.0	162.5	180.5
7	241.0	185.0	254.0	285.0	272.0	303.0	128.0	178.5	149.0
8	183.0	218.0	226.0	254.0	282.0	275.0	218.0	168.0	122.0
9	259.0	179.0	188.0	252.0	208.0	182.0	164.0	183.0	123.0
10	216.0	203.0	212.0	230.0	223.0	233.0	130.0	205.0	137.0

试验结果以试件抗压强度的平均值和标准值或单块最小值表示，具体见表 2-15。

表 2-15　高温后砖试件抗压强度计算结果

温度/℃	自然冷却		喷水冷却	
	抗压强度平均值/MPa	$\frac{\overline{f}_{cz}'}{\overline{f}_{cz}}$	抗压强度平均值/MPa	$\frac{\overline{f}_{cz}'}{\overline{f}_{cz}}$
200	19.9	0.995	21.3	1.065
400	21.1	1.055	22.0	1.100
600	21.9	1.095	14.7	0.735
800	13.9	0.695	13.5	0.675

注：① $\overline{f}_{cz}$、$\overline{f}_{cz}'$ 分别代表常温下、高温后砖试件抗压强度平均值，下同。

② $\overline{f}_{cz}$取 20.0 MPa。

由表 2-15 可以绘制不同温度及不同冷却方式后砖试件的 $\overline{f}_{cz}'/\overline{f}_{cz}$ 曲线，见图 2-16。自然冷却条件时，在 600 ℃及以下，高温对砖试件抗压强度影响很小，变化在 10.0%范围内，可以忽略其变化，而 800 ℃时，抗压强度有较为明显的下降，约为常温时的 69.5%；喷水冷却条件时，在 400 ℃及以下，高温对砖试件抗压强度影响不大，变化在 10.0%范围内，可以忽略其变化，而 600 ℃和 800 ℃时，抗压强度下降较多，分别约为常温时的 73.5%和 67.5%。

试验后分别按下式计算出强度变异系数 δ、标准差 S：

$$\delta = \frac{S}{\overline{f}_{cz,10}} \tag{2-8}$$

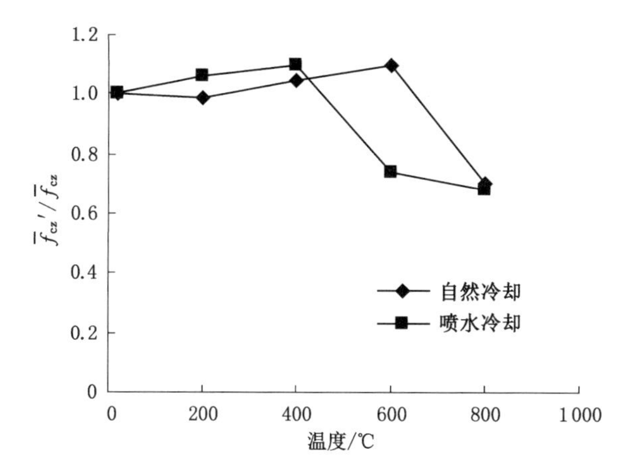

图 2-16　高温后砖试件的 $\overline{f}_{cz}'/\overline{f}_{cz}$ 曲线

$$S=\sqrt{\frac{1}{9}\sum_{i=1}^{10}(f_{cz,i}-\overline{f}_{cz,10})^2} \tag{2-9}$$

式中　δ——强度变异系数；

$\overline{f}_{cz,10}$——10 块砖试件抗压强度平均值，MPa；

$\overline{f}_{cz,i}$——单块砖试件抗压强度计算值，MPa；

S——10 块砖试件抗压强度标准差，MPa。

(1) 平均值-标准值方法评定

当变异系数 $\delta\leqslant 0.21$ 时，按抗压强度平均值 $\overline{f}_{cz,10}$、抗压强度标准值 f_{czk} 评定砖试件的强度等级，见表 2-16。抗压强度标准值按下式计算（精确到 0.1 MPa）：

$$f_{czk}=\overline{f}_{cz,10}-1.8S \tag{2-10}$$

表 2-16　砖试件强度等级评定标准　　单位：MPa

强度等级	抗压强度平均值	变异系数不大于 0.21	变异系数大于 0.21
		抗压强度标准值	单块抗压强度最小值
MU30	≥30.0	≥22.0	≥25.0
MU25	≥25.0	≥18.0	≥22.0
MU20	≥20.0	≥14.0	≥16.0
MU15	≥15.0	≥10.0	≥12.0
MU10	≥10.0	≥6.5	≥7.5

(2) 平均值-最小值方法评定

当变异系数 $\delta > 0.21$ 时,按抗压强度平均值 $\overline{f}_{cz,10}$、单块抗压强度最小值 f_{min} 评定砖试件的强度等级,见表 2-16。

按照上述评定方法,评定结果见表 2-17。

表 2-17 高温后砖试件强度等级评定

类别	常温	200 ℃		400 ℃		600 ℃		800 ℃	
		自然冷却	喷水冷却	自然冷却	喷水冷却	自然冷却	喷水冷却	自然冷却	喷水冷却
	E0	E1	E2	E3	E4	E5	E6	E7	E8
$\overline{f}_{cz,10}$/MPa	20.0	19.9	21.3	21.1	22.0	21.9	14.7	13.9	13.5
S/MPa	3.3	4.4	4.1	3.3	3.9	6.0	2.6	2.4	3.1
δ	0.17	0.22	0.19	0.16	0.18	0.27	0.17	0.17	0.23
f_{czk}/MPa	14.4	—	13.8	15.1	15.0	—	10.0	9.6	—
f_{min}	—	12.55	—	—	—	13.45	—	—	9.44
评定结果	MU20	MU15	MU15	MU20	MU20	MU15	MU10	MU10	MU10

2.3.4.2 高温后砖试件抗压强度退化原因分析

自然冷却时,600 ℃及以下高温产生的热应力不足以使砖试件发生破坏,因而其抗压强度变化较小,而达到 800 ℃后,过高的温度使得砖试件内部产生较大的应力,砖试件的结构发生变化,导致抗压强度降低;喷水冷却时,砖试件在 400 ℃及以下喷水后产生的热膨胀力可以通过其疏松的内部结构及时得到释放,不会对砖试件造成大的破坏,而 600 ℃和 800 ℃时,过高的温度使喷水后产生的大量水蒸气无法得到及时释放,可能在砖试件内部造成一些细微裂缝,进而影响抗压强度,同时过高的温度使砖试件内含有的 $Ca(OH)_2$分解产生 CaO,CaO 又与水发生反应生成$Ca(OH)_2$,体积膨胀,更增大了砖试件内部的应力,导致抗压强度进一步降低。

2.4 本章小结

本章对高温后砂浆和砖试件的抗压强度进行了试验研究,考虑了不同温度和不同冷却方式对其的影响,得出以下结论:

(1) 高温后,随着温度的升高,砂浆试件颜色逐渐加深,抗压强度逐渐降低。

(2) 冷却方式对高温后砂浆试件抗压强度的影响较为明显,同种强度等级的砂浆试件在相同温度下,经喷水冷却后的抗压强度要明显高于自然冷却后的抗压强度。

(3) 静置时间对高温后砂浆试件的抗压强度存在一定影响,由 X 射线衍射分析可知,高温冷却静置后,砂浆成分发生一些变化,其中有 $CaCO_3$ 生成,而且喷水冷却后生成的 $CaCO_3$ 的量更多。

(4) 砖试件的抗压强度也受到温度的影响,自然冷却条件下,在 600 ℃及以下时,砖试件抗压强度变化在 10.0%范围内,可以忽略其变化,800 ℃时下降约 30.5%;而喷水冷却条件下,在 400 ℃及以下时,砖试件抗压强度变化在 10.0%范围内,可以忽略其变化,600 ℃和 800 ℃时才有较大幅度的下降,分别下降约 26.5%和 32.5%。

3 高温后砖砌体抗压性能试验研究

3.1 引　言

砖砌体结构是一种很重要的建筑结构形式，对其抗压性能的研究很早就已经开展，并且取得了丰硕的成果。但是在黏土砖砌体高温性能方面的研究缺乏系统性，高温后黏土砖砌体的抗压性能有待进一步研究。

本章主要通过对黏土砖砌体高温自然冷却后的抗压力学性能进行试验研究，得到了高温后黏土砖砌体的表面形态、加载破坏后的破坏特征、极限荷载、变形性能等，并依据试验结果得到了高温后砖砌体的应力-应变关系、弹性模量和泊松比等，进一步分析了影响砖砌体抗压强度的主要因素，为进行砖砌体受火后抗压强度的分析提供了依据。

3.2 试验概况

3.2.1 试件制作

砖砌体抗压试件采用长 1 砖半、宽 1 砖、高 12 砖的模型，理论尺寸为 365 mm×240 mm×746 mm，模型及实物如图 3-1 所示。试件采用的块体为实心黏土砖，采用的砂浆强度等级为 M10，均与第 2 章材料试验中选用的材料一致。根据要求，试件砌筑在带吊钩的刚性垫板上（本试验中采用 100 mm 厚的 C30 配筋混凝土），混凝土垫板应找平，试件顶部亦采用厚度为 10 mm 的 1∶3 水泥砂浆找平。

试件的砌筑除应满足现行国家标准《砌体结构工程施工质量验收规范》(GB 50203—2011)[61]外，还应满足下列要求：

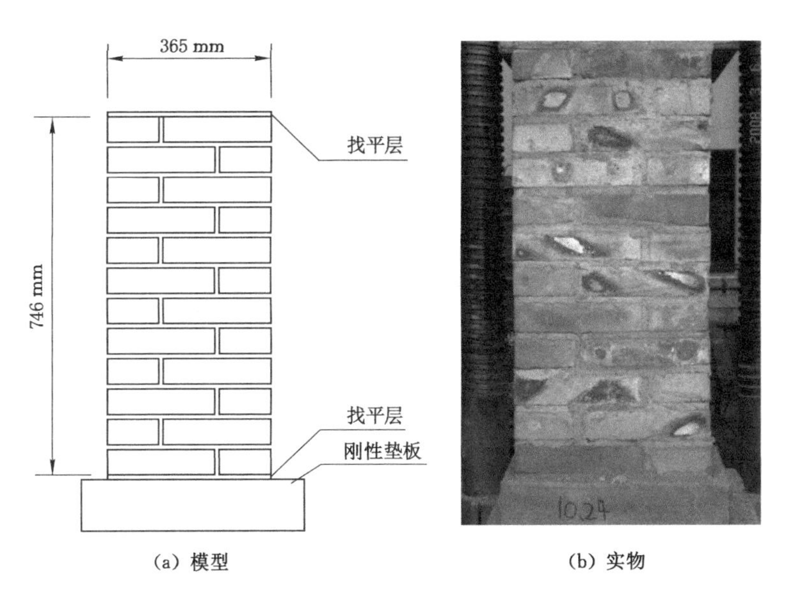

(a) 模型　　(b) 实物

图 3-1　试件模型及实物

① 由 1 名中等技术水平的瓦工，采用分层流水作业法砌筑；

② 砖砌体试件砌筑过程中，随时检查砂浆饱满度，全程监控。

根据试验要求，试件分 5 组，1 组用来做常温下的抗压试验，另外 4 组按受热温度不同分为 200 ℃、400 ℃、600 ℃和 800 ℃，每组 4 个试件，共 20 个，采用自然冷却方式，试件分组情况见表 3-1。为了测定试件内部的温度变化情况，在试件内部埋设热电偶(图 3-2)，并对热电偶进行编号，分别为 1 号、2 号、3 号，如图 3-3 所示。另外，需将砖砌体试件在室内自然养护 28 d 后进行试验。

表 3-1　试件分组情况

试件编号	温度	冷却方式
F0	常温	—
F1	200 ℃	自然冷却
F2	400 ℃	自然冷却
F3	600 ℃	自然冷却
F4	800 ℃	自然冷却

图 3-2　埋设热电偶的试件

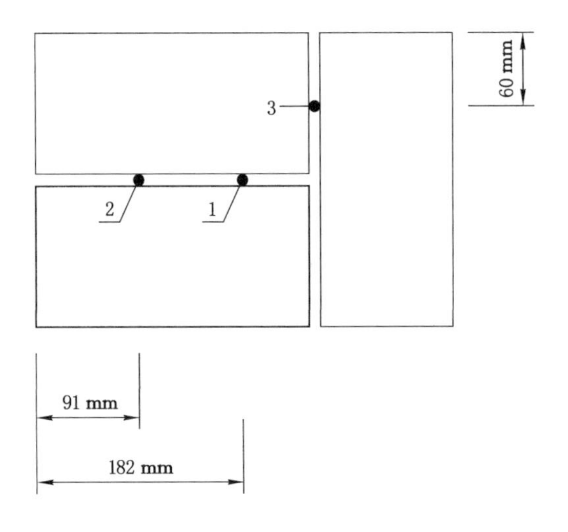

图 3-3　热电偶埋设布置示意图

3.2.2 试验设备和仪器

3.2.2.1 加热设备

本次加热试验中采用的加热设备为 GWD-06 型高温电炉，功率为 24 kW，最高温度可达 1 100 ℃，通过连接在配套控温柜上的热电偶来控制炉内温度。GWD-06 型高温电炉见图 3-4，其配套的控温柜见图 3-5。

图 3-4 GWD-06 型高温电炉

图 3-5 GWD-06 型高温电炉配套的控温柜

3.2.2.2 加载设备

加载设备采用 YE-200 型液压式压力试验机（图 3-6）。为使砖砌体试件均匀受压，试验时在试件顶部铺一层湿沙，以达到找平的目的。

3.2.2.3 数据采集仪器

本试验中需要测量砖砌体试件的变形值以确定砖砌体的弹性模量，因此需要选用 4 个千分表（纵向、横向各两个，分别用来测定试件的纵向、横向应变）。所有数据采用 YE2539 数据采集仪进行自动采集（图 3-6）。

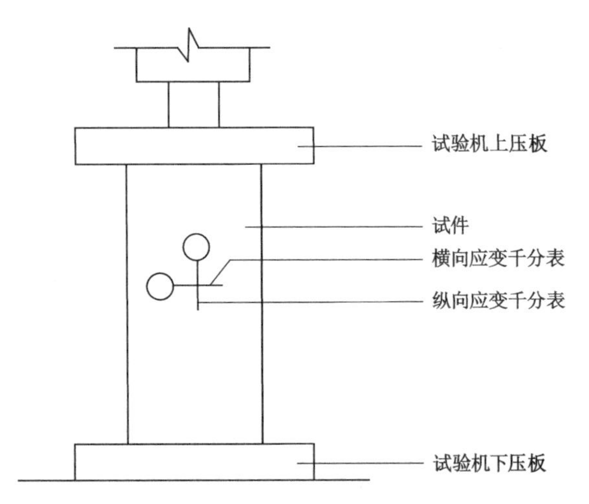

(a) 测试仪表布置示意图

(b) 试验实景图

图 3-6 加载系统

3.2.3 试验方法

3.2.3.1 试件加热及温度测量

为研究不同温度后砖砌体抗压强度的退化规律，本试验选取 4 个温度

(200 ℃、400 ℃、600 ℃和 800 ℃)进行高温试验。试验采用如下加热制度:按 5 ℃/min 的速率,将砖砌体试件置于电炉中加热至预设温度,恒温 60 min 取出后自然冷却。

对于埋设有热电偶的试件,在升温、降温过程中,通过热电偶来测定试件内部不同位置处的温度变化情况,读数设备为数显调节仪,见图 3-7。

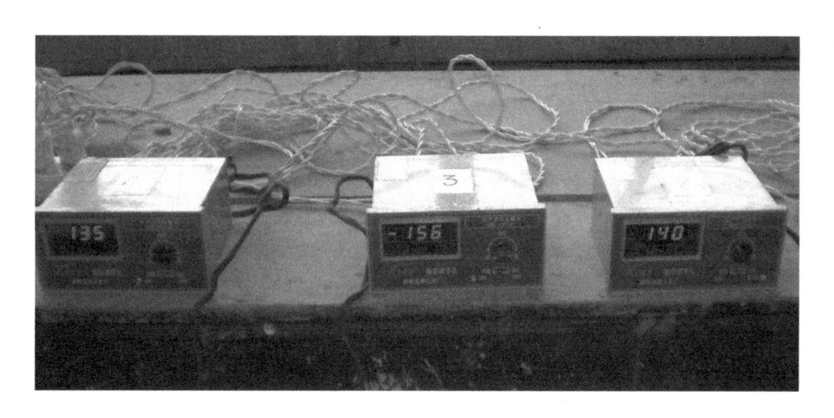

图 3-7　数显调节仪

3.2.3.2　试验步骤

(1) 检查试件外观,当有碰损或其他损伤痕迹时,应做记录;当试件破损严重时,应舍去该试件。

(2) 将试件放入电炉,分别加热到设定的温度后,恒温 60 min 取出,采用自然冷却至常温。

(3) 在试件的 4 个侧面上确定竖向和横向中线。

(4) 在试件高度的 1/4、1/2 和 3/4 处,分别测量试件的宽度和长度,测量精度为 1 mm,测量结果采用平均值。试件的高度,以垫板顶面为基准,量至找平层顶面。

(5) 安装试件时,先将试件吊起,清除粘在垫板下的杂物,然后将其置于试验机下压板上,当试件承压面与试验机下压板的接触不均匀紧密时,应垫平(本试验中在承压面上铺设湿沙)。试件就位时,使试件 4 个侧面的竖向中线对准试验机的轴线。

(6) 本试验需要测量试件的纵向、横向变形。测量纵向变形时,在试件两个窄侧面的竖向中线上,通过黏附于试件表面的表座安装千分表进行测量,测点的距离为试件高度的 1/3,且为一个块体厚加一条灰缝厚的倍数;测量横向变形时,在宽侧面的横向中线上安装千分表,测点与试件边缘的距离不应小于 50 mm。

(7) 试验开始前,对试件进行预加载,先施加预估破坏荷载的 5%,并检查仪表的灵敏性和安装的牢固性。本试验需要测量变形值以确定砖砌体的弹性模量,故采用物理对中、分级加载的方法:在预估破坏荷载值的 5%～20%区间内,反复预压 3～5 次,以使两个窄侧面的纵向变形值的相对误差不超过 10%,当超过时,应重新调整试件的位置或垫平试件。预压后,及时卸荷并将千分表调零。加载时,每级荷载应为预估破坏荷载值的 10%,并在 1～1.5 min 内均匀加完;恒荷 1～2 min 后施加下一级荷载。施加荷载时不得冲击试件。当试件裂缝急剧扩展和增多,试验机的测力计指针明显回退时,认为该试件丧失承载能力而达到破坏状态,其最大荷载读数即该试件的极限破坏荷载值。

(8) 抗压试验过程中,注意观察和捕捉初始裂缝,并记录初裂荷载值。当变形值突然增大时,应观察和记录此时可能出现的裂缝。在荷载逐级增加时,观察、描绘裂缝发展情况并记录相应的荷载值。试件破坏后,及时绘制裂缝图和记录破坏特征并拍照。

3.3 试验结果

3.3.1 高温试验

3.3.1.1 高温后试件表面特征

砖砌体试件分别加热到不同温度,并采取自然冷却方式后的表面特征见图 3-8(黑色线条表示加载前的裂缝)。

经历 200 ℃的试件,从炉内吊出后,表面颜色与常温下的相比差别不大,只是略微显粉红色,且表面几乎没有裂缝,见图 3-8(a)、(b)。

经历 400 ℃的试件,粉红色加深,宽面和窄面均有一些裂缝出现,且多数位于竖向灰缝的两侧,见图 3-8(c)。通过 JC4-10 读数显微仪测量,宽面裂缝最宽的为 0.19 mm,窄面裂缝最宽的为 0.26 mm。

经历 600 ℃的试件,粉红色继续加深,4 个侧面的裂缝继续增多、变宽,几乎每皮砖都有裂缝出现,有的甚至已经贯通,见图 3-8(d)。通过测量,宽面裂

(a) 常温

(b) 200 ℃

图 3-8 加载前各试件的表面特征

(c) 400 ℃

(d) 600 ℃

图 3-8 （续）

(e) 800 ℃

图 3-8 （续）

缝最宽的为 0.29 mm，窄面裂缝最宽的为 0.30 mm。

经历 800 ℃的试件，粉红色进一步加深，裂缝开展情况与经历 600 ℃后的相似，不同的是裂缝开裂宽度有所增大，见图 3-8(e)。通过测量，宽面裂缝最宽的为 0.32 mm，窄面裂缝最宽的为 0.72 mm。

从表面特征可以看出，试件在常温下及经历 200 ℃后没有裂缝产生，400 ℃ 后有少量裂缝出现，600 ℃、800 ℃后有较多裂缝出现。

3.3.1.2 试件内部各测点温度变化

温度通过影响砖砌体结构的材料特性来影响砖砌体的承载力，因此本书对试件内部的温度分布情况进行了测试。

通过预埋在试件内部的热电偶，在加热及冷却过程中测量了升温和冷却阶段试件内各测点的温度。不同温度后试件内各测点的温度-时间关系曲线见图 3-9。

由图 3-9 可以看出，加热初期，试件内部温度上升较慢，在 100 min 以内，

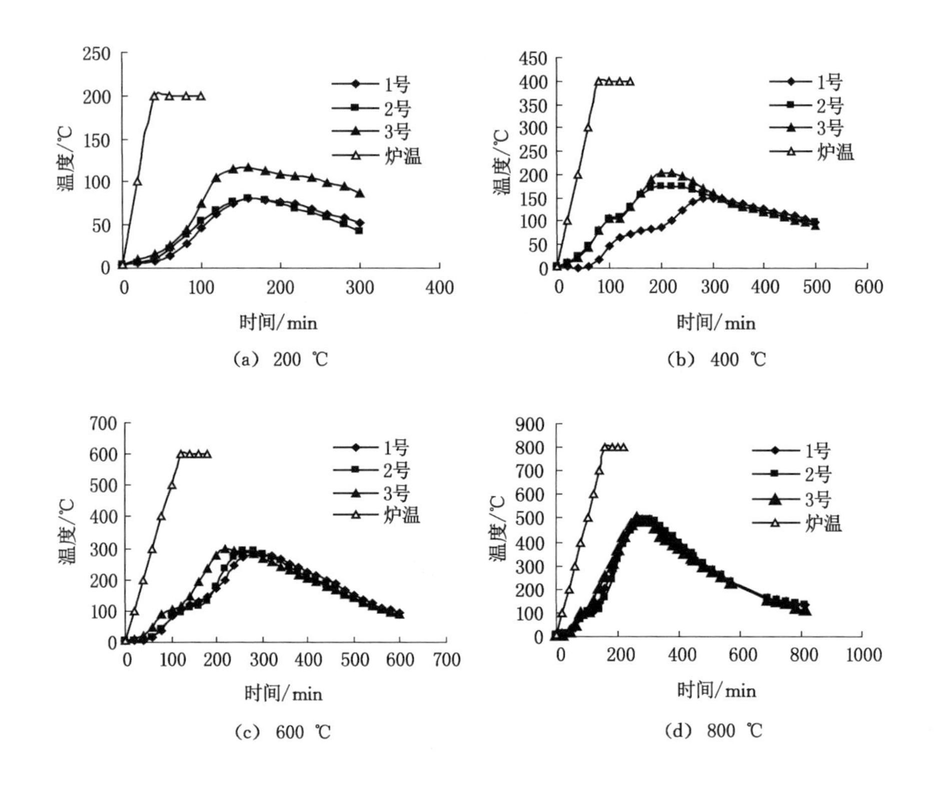

(a) 200 ℃

(b) 400 ℃

(c) 600 ℃

(d) 800 ℃

图 3-9 不同温度后试件内各测点的温度-时间关系曲线

3 个测点的温度均低于 100 ℃,随着炉温的升高,试件内部温度逐渐上升,在恒温时段升温速率加快。炉温是按 5 ℃/min 的速率升温的,试件内各测点的温度上升却明显滞后于炉温,而且在试件从炉中取出后的一段时间内,试件内部温度仍然在上升,但较恒温阶段升温速率有所降低。由于试件在受高温时内部的水蒸气沿热电偶边的缝隙散发加上热裂缝的影响,个别测点的温度值出现一定的波动,但总的趋势没有改变。

炉温达到 200 ℃时,由于 3 号测点离试件外表面距离较近,能达到的温度最高,为 116 ℃,其次是 2 号和 1 号测点。

炉温达到 400 ℃、600 ℃和 800 ℃时,同样是 3 号测点能达到的温度最高,分别是 202 ℃、299 ℃和 506 ℃。由图 3-9 还可以看出,3 号、2 号和 1 号测点的温度先后达到最高温度,这主要是因为砖和砂浆是热的不良导体,靠近受热面的测点的温度梯度变化较大,如 3 号测点,无论在升温阶段还是降温阶段,其变化速率都较大。达到最高温度后,各测点逐渐开始降温,降温速率有所降低。

通过测量试件内测点的温度变化情况可以得出，虽然试件外表面达到了设定温度，但内部相当范围内的温度并未上升很高，显然这会对结构的承载力产生一定的影响，在计算高温后砖砌体结构抗压强度的时候应予以考虑。

3.3.2　加载试验及结果

3.3.2.1　试件的破坏特征

按照《砌体基本力学性能试验方法标准》(GB/T 50129—2011)的试验步骤，对常温及高温后的试件进行了抗压试验。

图 3-10 给出了加载后各试件的表面特征(其中黑色线条表示加载前的裂缝，白色线条表示加载后新增加的裂缝)。由图可知，随着受热温度的升高，自然冷却后试件表面产生越来越多的裂缝。

(1) 常温及 200 ℃高温后的试件在加载过程中可分为以下三个阶段。

第一阶段：个别砖出现受荷裂缝(一般位于竖向灰缝两侧)，千分表所测的纵向变形呈线性增加，恒载时，千分表读数基本保持不变，砖砌体此时处于弹性受力阶段。

第二阶段：继续加载后逐渐形成贯通几皮砖的裂缝，纵向、横向应变变化明显，受砌筑等一些因素的影响，在这个阶段就有部分试件的局部被压碎，虽然仍有一定的承载力，但在实际中应视为危险情况。

第三阶段：随着荷载的进一步增加，试件的变形发展加快，砖砌体上的竖向裂缝进一步向上、向下延伸并加宽，试件中部逐渐向外膨胀导致部分砖表皮外鼓，并不时听到砖砌体内部的炸裂声；当达到极限荷载时，大的贯通裂缝出现，试件形成小砖柱，试验机指针回退，试件破坏。

(2) 400 ℃和 600 ℃高温后的试件，受高温影响，材料性质发生变化，脆性加剧，加载过程与常温及 200 ℃时的有所不同。

加载初期，试件处于弹性受力阶段，但此阶段持续时间较短，并且由于初始裂缝的存在，使得新产生的裂缝难以及时观察到，进而难以确定初裂荷载的大小；继续加载后试件产生的新裂缝较少，新裂缝沿着加载前的裂缝不断扩大，试件内部不断有“劈啪”声响，并且声响明显强于常温及 200 ℃时的情况，试件表面也不时有砂浆和砖碎片脱落。

加载后期，试件表面裂缝逐渐贯通，且贯通产生的裂缝明显宽于 200 ℃以

(a) 常温

(b) 200 ℃

图 3-10 加载后各试件的表面特征

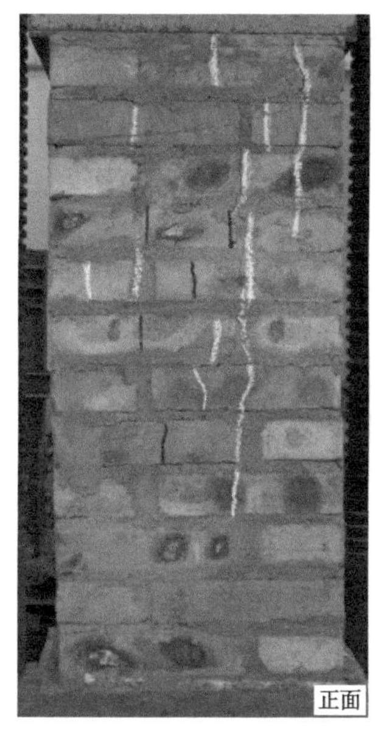

(c) 400 ℃

(d) 600 ℃

图 3-10 (续)

(e) 800 ℃

图 3-10 (续)

下时砖砌体产生的裂缝,同时伴有局部砖块压碎、砂浆脱落等现象,达到极限状态时试件突然破坏,形成若干小砖柱,试件破坏。

(3) 800 ℃高温后的试件,砖砌体在高温作用后性能已发生明显退化,试件宽面和窄面产生的裂缝部分已贯通,加载后贯通裂缝迅速扩展,破坏时形成较为明显的 4 个小砖柱,破坏形态更为严重。

总的来说,较高温度后,试件脆性加剧,破坏过程较常温及低温时缩短,且破坏突然,同时温度越高越突然。

3.3.2.2 试验结果

单个试件的抗压强度 $f_{c,m}$ 按式(3-1)计算,计算结果见表 3-2。

$$f_{c,m} = \frac{N_m}{A_m} \tag{3-1}$$

式中 $f_{c,m}$ ——试件的抗压强度,MPa;

N_m ——破坏荷载,N;

表 3-2 砖砌体抗压试验结果

温度	试件编号	破坏荷载/kN	抗压强度/MPa
常温	F0-1	756	8.6
	F0-2	647	7.4
	F0-3	613	7.0
	F0-4	834	9.5
	平均值	713	8.1
200 ℃	F1-1	721	8.2
	F1-2	800	9.1
	F1-3	580	6.6
	F1-4	613	7.0
	平均值	679	7.7
400 ℃	F2-1	517	5.9
	F2-2	621	7.1
	F2-3	500	5.7
	F2-4	526	6.0
	平均值	541	6.2
600 ℃	F3-1	406	4.6
	F3-2	503	5.7
	F3-3	512	5.8
	F3-4	423	4.8
	平均值	461	5.2
800 ℃	F4-1	399	4.6
	F4-2	413	4.7
	F4-3	449	5.1
	F4-4	344	3.9
	平均值	401	4.6

A_m ——试件的截面面积，mm^2，按《砌体基本力学性能试验方法标准》(GB/T 50129—2011)第4.2.1条测得的试件平均长度和平均宽度计算。

不同温度后砖砌体抗压强度变化曲线见图3-11。高温后，砖砌体的抗压强度是逐渐降低的，经历温度越高，抗压强度下降越多。试件在经历200 ℃、400 ℃、600 ℃和800 ℃后的抗压强度较常温时的抗压强度分别下降约5%、23%、36%和43%。

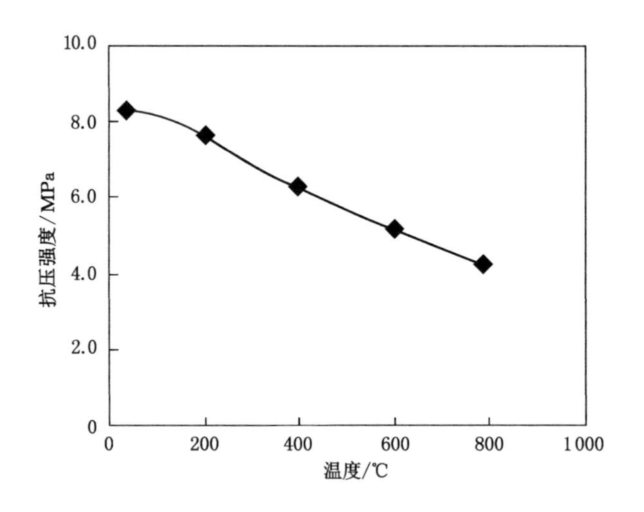

图3-11　不同温度后砖砌体抗压强度变化曲线

3.3.2.3　试件强度退化原因分析

分析上述试验结果可知，高温后砖砌体表面产生许多裂缝，多数分布在竖向灰缝的两侧，且温度越高裂缝越多。这主要是由于砂浆和砖的热膨胀系数不同(砂浆的热膨胀系数为$10\times10^{-6}\sim14\times10^{-6}$ ℃$^{-1}$，而砖的热膨胀系数约为9.5×10^{-6} ℃$^{-1}$)，高温后两者产生的变形不一样。砂浆产生的横向变形较砖产生的横向变形大，从而对砖产生拉应力，而砖的抗拉强度很低，一般为其抗压强度的1/50～1/10，当达到一定温度时，砂浆对砖产生的拉应力超过砖的抗拉强度后，砖就会产生裂缝，而且温度越高，两者的膨胀变形差别越大，砖受到的拉应力就越大，裂缝也就越宽、越多。

裂缝之所以多产生在竖向灰缝处，主要原因有以下两个方面：

(1) 试件砌筑时采用的是上下错缝搭接，高温后，竖向灰缝处的砂浆向两侧膨胀，对两侧砖块产生推挤力，而由于砂浆与砖之间的黏结力作用，砖 A 以竖向灰缝为界受到向两侧的拉力 F，见图 3-12。

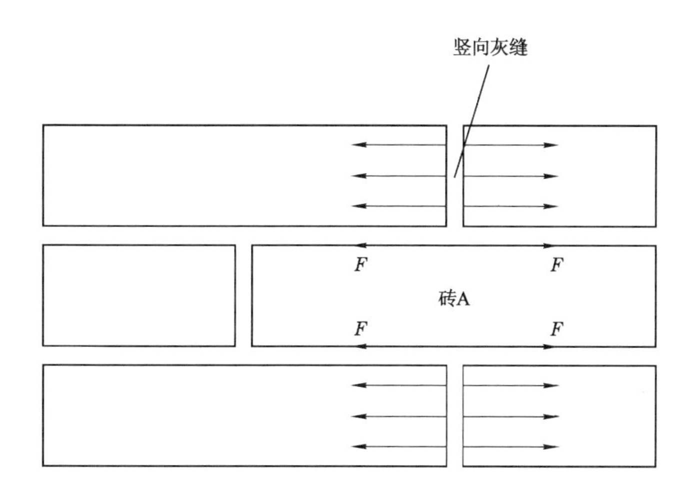

图 3-12 砖砌体中砖受力示意图

(2) 砖 A 上下表面的砂浆由于高温作用，产生的横向变形比砖产生的横向变形大，对砖产生拉力。

对常温及 200 ℃后的砖砌体进行抗压试验时，砖砌体在受压过程中，砂浆和砖相互约束，两种材料间的黏结作用较大，由于砂浆的弹性模量要比砖的弹性模量小，砂浆受压力向四周变形，对砖产生横向拉应力。砖砌体在受压破坏时，砂浆的弹性性质使每块砖如同弹性地基上的梁，基底的弹性模量愈小，砖的变形愈大，砖内产生的弯、剪应力也愈大，当压力达到一定值时，砖受到的拉应力、剪应力超过其抗拉强度、抗剪强度时，砖便开裂。随着压力的增大，裂缝不断扩展，并最终贯通，导致砖砌体破坏。

经历较高温度(400 ℃、600 ℃和 800 ℃)的砖砌体，表面砖块已产生许多裂缝，由于砂浆的强度和弹性模量随温度升高而逐渐降低，加载后砂浆的变形比常温及较低温度时产生的变形大，砖受到的应力也比低温时的大，变形加剧，引起砖砌体强度的降低。

综上所述，在均匀压力作用下，砖砌体内的块体并非均匀受压，而是处于复杂的受力状态，受到较大的弯、剪和拉应力的共同作用，且温度越高，作用越明显。

3.3.3 高温后砖砌体的应力-应变曲线、弹性模量及泊松比

3.3.3.1 高温后砖砌体的应力-应变曲线

砖砌体的应力-应变关系是砖砌体结构的一项基本力学性能，实践中主要通过砖砌体受压过程来测得。从理论上讲，常温时砖砌体的应力-应变曲线分为几个不同的阶段：

① 初始阶段，荷载作用下积聚的弹性应变能不足以使加载前砖砌体内的局部裂缝继续扩展，此时砖砌体处于弹性阶段，应力-应变曲线呈线性；

② 继续加载至应力峰值点前，砖砌体内的裂缝不断扩展延伸，应力-应变曲线呈变化较大的非线性；

③ 荷载达到峰值后，随着变形的增大，砖砌体内部的裂缝继续变大，承载力迅速下降，应力随应变的增大而减小，应力-应变曲线变得不规则；

④ 随着应变的进一步增大，应力减小的幅度减缓，应力-应变曲线趋向于水平。

对于高温后的试件，受压过程中应力-应变曲线变化也基本遵循上述规律。

本试验在试件的受压过程中，通过安放在试件上的位移传感器测得了试件的横向和纵向变形值，进而得到了砖砌体试件在不同温度后的应力-应变曲线，见图 3-13。

高温后的砖砌体在受压时，随着荷载的不断增大，应力、应变也不断增大，但是砖砌体由于施工、原材料等因素的影响，且高温后砖砌体表面出现的裂缝也较多，在受压过程中，原有的裂缝继续扩展，使得砖砌体的应力-应变曲线呈非线性，尤其是在接近破坏荷载时，在应力增大不多的情况下，应变急剧增大直至试件完全破坏。由图 3-13 可以看出，在试件的弹性范围内，应力-应变曲线表现得较有规律，而在曲线的下降段却表现得比较杂乱，规律性不强，这说明试件已接近破坏状态。

为了对砖砌体应力-应变曲线进行拟合，本书采用类似 B. Powell 等[44]提出的抛物线形的本构关系：

$$\frac{\sigma}{\sigma_0} = A\frac{\varepsilon}{\varepsilon_0} - B\left(\frac{\varepsilon}{\varepsilon_0}\right)^2 \tag{3-2}$$

通过拟合得出 $A = 1.922$，$B = 0.922$，拟合公式见式(3-3)，拟合曲线见图 3-14。

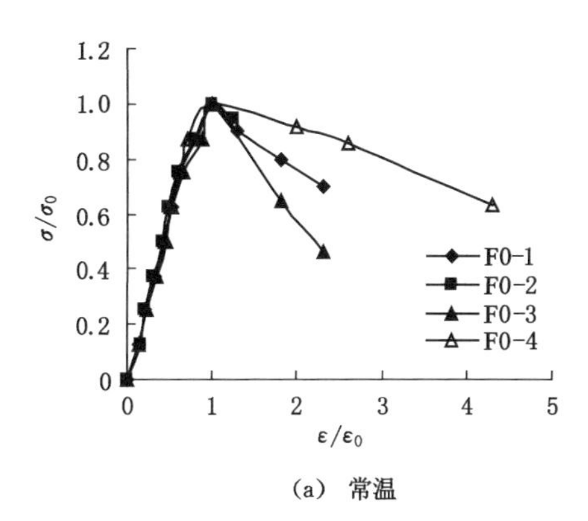

(a) 常温

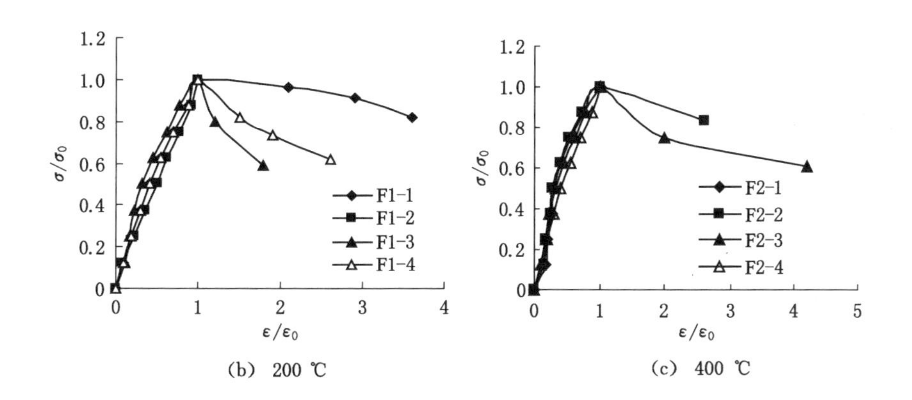

(b) 200 ℃　　(c) 400 ℃

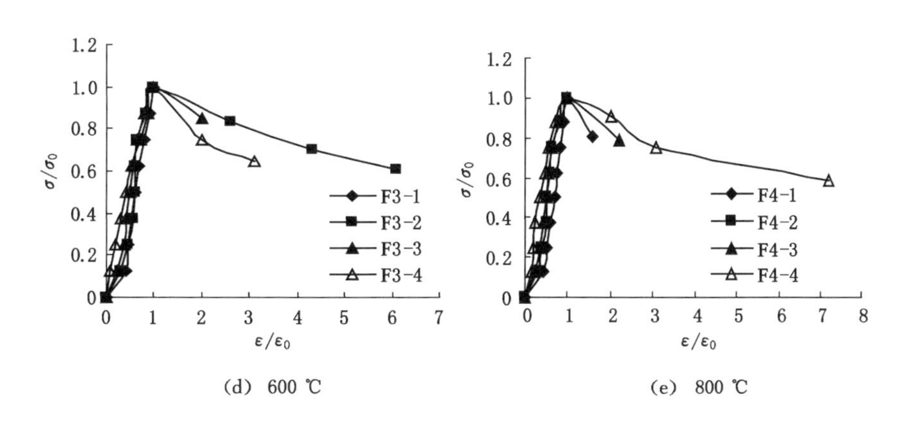

(d) 600 ℃　　(e) 800 ℃

图 3-13　不同温度后试件的应力-应变曲线

$$\frac{\sigma}{\sigma_0} = 1.922\frac{\varepsilon}{\varepsilon_0} - 0.922\left(\frac{\varepsilon}{\varepsilon_0}\right)^2 \tag{3-3}$$

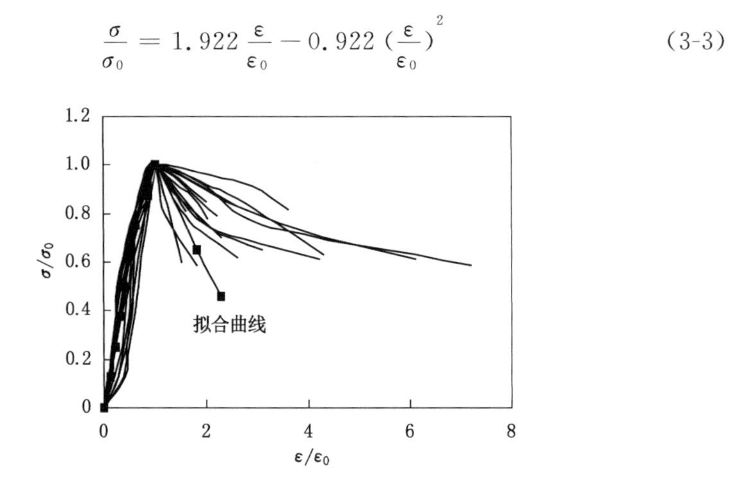

图 3-14 砖砌体应力-应变拟合曲线

3.3.3.2 高温后砖砌体的弹性模量

(1) 砌体弹性模量概述

砌体的弹性模量是砌体结构设计的一个重要参数，主要用于研究砌体在荷载作用下的变形，是衡量材料抵抗变形能力的物理量。在结构设计中，弹性模量用来计算砌体构件的刚度、挠度和进行动力分析。砌体受压应力-应变曲线上各点的应力与应变之比可以用变形模量表示，随应力与应变值的不同，变形模量一般有三种表示方法：

① 初始变形模量；

② 割线模量；

③ 切线模量。

(2) 本试验弹性模量结果

本书按《砌体基本力学性能试验方法标准》(GB/T 50129—2011)规定，取应力 σ 等于 $0.4f_{c,m}$ 时的割线模量作为该试件的弹性模量，如下式：

$$E = \frac{0.4f_{c,m}}{\varepsilon_{0.4}} \tag{3-4}$$

式中 E ——试件的弹性模量，MPa；

$\varepsilon_{0.4}$ ——对应于 $0.4f_{c,m}$ 时的纵向应变值；

$f_{c,m}$ ——试件的抗压强度，MPa。

不同温度后试件的实测弹性模量见表 3-3。由表可知，随着温度的升高，砖砌体的弹性模量逐渐减小(图 3-15)，在 200～400 ℃之间砖砌体的弹性模量减小最明显，200 ℃后约减小至常温时的 91%，400 ℃后约减小至常温时的 30%，600 ℃ 后约减小至常温时的 21%，800 ℃后约减小至常温时的 17%。这主要原因是经历高温后，砂浆和砖的强度降低，脆性加剧，受压后砖砌体的变形增大。

表 3-3　不同温度后试件的实测弹性模量

温度	试件编号	$0.4f_{c,m}$/MPa	$\varepsilon_{0.4}$/%	E/MPa
常温	F0-1	3.76	0.066 1	5 688
	F0-2	3.20	0.063 0	5 079
	F0-3	3.00	0.052 7	5 693
	F0-4	4.12	0.061 5	6 699
	平均值	—	—	5 790
200 ℃	F1-1	3.56	0.067 5	5 274
	F1-2	3.92	0.073 5	5 333
	F1-3	2.84	0.061 1	4 648
	F1-4	3.00	0.052 3	5 736
	平均值	—	—	5 248
400 ℃	F2-1	2.52	0.151 5	1 663
	F2-2	3.04	0.167 2	1 818
	F2-3	2.44	0.201 7	1 210
	F2-4	2.56	0.111 9	2 288
	平均值	—	—	1 745
600 ℃	F3-1	2.00	0.202 4	988
	F3-2	2.44	0.152 6	1 599
	F3-3	2.48	0.231 4	1 072
	F3-4	2.08	0.188 2	1 105
	平均值	—	—	1 191

表 3-3(续)

温度	试件编号	$0.4f_{c,m}$/MPa	$\varepsilon_{0.4}$/%	E/MPa
800 ℃	F4-1	1.96	0.142 6	1 374
	F4-2	2.04	0.286 1	713
	F4-3	2.20	0.216 9	1 014
	F4-4	1.68	0.233 0	721
	平均值	—	—	956

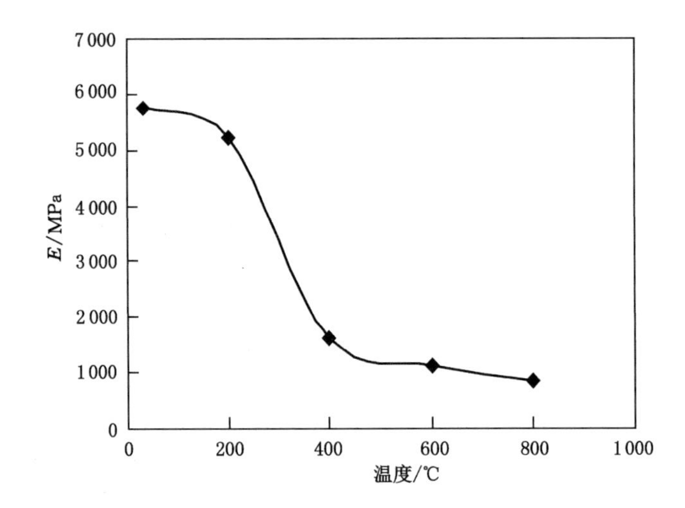

图 3-15　不同温度后试件的弹性模量变化曲线

3.3.3.3　高温后砖砌体的泊松比

砌体受压时，除了产生纵向应变外，还产生横向应变，横向应变与纵向应变之比称为砌体的泊松比 ν。砌体具有一定的弹塑性，其泊松比为变量。本书按《砌体基本力学性能试验方法标准》(GB/T 50129—2011)规定，取应力 σ 等于 $0.4f_{c,m}$ 时的泊松比 $\nu_{0.4}$ 作为该试件的泊松比，如下式：

$$\nu_{0.4} = \frac{\varepsilon_{0.4}'}{\varepsilon_{0.4}} \tag{3-5}$$

式中　$\varepsilon_{0.4}'$ ——对应于 $0.4f_{c,m}$ 时的横向应变值；

$\varepsilon_{0.4}$ ——对应于 $0.4f_{c,m}$ 时的纵向应变值。

不同温度后试件的实测泊松比见表 3-4。由表可知，泊松比随温度升高逐渐变大，且随着砖砌体裂缝的发展增大速率加快，当砖砌体临近破坏时，横向应变急剧加大，泊松比失去实际意义。

表 3-4 不同温度后试件的实测泊松比

温度	试件编号	横向应变 $\varepsilon_{0.4}'$/%	纵向应变 $\varepsilon_{0.4}$/%	泊松比 $\nu_{0.4}$
常温	F0-1	0.016 0	0.066 1	0.242 1
	F0-2	0.011 0	0.063 0	0.174 6
	F0-3	0.008 0	0.052 7	0.151 8
	F0-4	0.009 0	0.061 5	0.146 3
	平均值	—	—	0.178 7
200 ℃	F1-1	0.016 0	0.067 5	0.237 0
	F1-2	0.013 0	0.073 5	0.176 9
	F1-3	0.015 0	0.061 1	0.245 5
	F1-4	0.011 0	0.052 3	0.210 3
	平均值	—	—	0.217 4
400 ℃	F2-1	0.046 0	0.151 5	0.303 6
	F2-2	0.060 0	0.167 2	0.358 9
	F2-3	0.049 0	0.201 7	0.242 9
	F2-4	0.019 0	0.111 9	0.169 8
	平均值	—	—	0.268 8
600 ℃	F3-1	0.092 0	0.202 4	0.454 5
	F3-2	0.085 0	0.152 6	0.557 0
	F3-3	0.069 0	0.231 4	0.298 2
	F3-4	0.046 0	0.188 2	0.244 4
	平均值	—	—	0.388 5
800 ℃	F4-1	0.112 0	0.142 6	0.785 4
	F4-2	0.158 0	0.286 1	0.552 3
	F4-3	0.116 0	0.216 9	0.534 8
	F4-4	0.202 0	0.233 0	0.867 0
	平均值	—	—	0.684 9

3.4 影响砖砌体抗压强度的因素

从表面上看，砖砌体是由砖和砂浆组成的整体材料，但它却不是一个连续的、完全弹性的整体。影响砖砌体抗压强度的因素有很多，这里主要归纳一些本试验中影响砖砌体抗压强度的因素。

(1) 受热温度

砖砌体的抗压强度随砖和砂浆强度的不同而不同，砖和砂浆的强度越高，砖砌体的抗压强度就越高，反之就越低，这也是影响砖砌体抗压强度的主要因素。本试验中，不同温度后，砖和砂浆的强度均有不同程度的降低，尤其对于砂浆，受温度影响更为明显。由于砂浆和砖的热膨胀系数不同，高温后砖受到的弯、剪应力和横向拉应力较常温时变大，使得砖砌体中砖表面产生很多裂缝，而且经历温度越高，砖表面产生的裂缝越多。这些原因最终导致砖砌体抗压强度的降低。

(2) 砌筑质量

砌筑质量也对砖砌体抗压强度有一定的影响。砌筑质量好，相同条件下砖砌体抗压强度就高。本试验中，由于某些试件在砌筑过程中灰缝厚薄不均，砖没有处于水平状态，受压后砖受到的弯、剪应力增大，导致砖砌体抗压强度降低。

(3) 试验手段

在砖砌体抗压试验时，如果安放到压力机上后砖砌体的竖直度较好，抗压承载力就较高，而如果砖砌体底部和顶部没有垫平，其抗压承载力就低。

3.5 本 章 小 结

本章对不同受热温度后自然冷却的黏土砖砌体试件进行了抗压试验，得到了砖砌体在不同条件下的受力性能变化规律，主要结论如下：

(1) 对于高温后自然冷却的砖砌体试件，随着受热温度的升高，试件表面的裂缝逐渐增多，且裂缝宽度逐渐增大。

(2) 高温后砖砌体自加载至破坏，破坏特征与常温时的相比，裂缝明显增多，脆性加剧，破坏突然，破坏形态更为严重。

(3) 随着受热温度的升高，砖砌体自然冷却后破坏荷载逐渐降低，经历温度越高，抗压强度下降越多。试件在经历 200 ℃、400 ℃、600 ℃和 800 ℃后，抗压强度分别下降约5%、23%、36%和43%。

(4) 通过试验，得到了高温后砖砌体的应力-应变曲线及弹性模量、泊松比。由试验结果可知，砖砌体的弹性模量随温度升高而逐渐减小，而泊松比则随温度升高逐渐增大。

总之，经历高温后，砖砌体力学性能发生退化，且所经受的温度越高，其力学性能退化得越多。

4 砖砌体试件截面温度场分析

4.1 引　　言

建筑结构发生火灾时，各种材料处于高温环境中，构件的温度会逐渐上升。对砌体结构来说，其主要材料为块体和砂浆，由于二者均具有不可燃烧性和热惰性，砌体结构内部温度是不均匀的。一方面，高温条件下块体和砂浆体积膨胀，导致砌体结构内部产生较大的温度应力，并发生内力重分布；另一方面，高温下块体和砂浆的特征发生变化，主要表现为强度下降、变形增大等。因此，计算或分析砌体结构的耐火极限和高温承载力时，需要首先确定砌体结构内部的温度分布情况。

高温作用下，砖砌体试件截面内的温度分布是随时间不断变化的，因此试件在高温下的热传导问题属于非线性瞬态问题。本章采用 ANSYS 软件对砖砌体试件的升温过程进行非线性瞬态温度场的模拟分析。

4.2 传热学的基本理论及温度场分析的基本假定

热分析遵循热力学第一定律，即能量守恒定律：

$$Q - W = \Delta U + \Delta E_k + \Delta E_p \tag{4-1}$$

式中 Q ——热量，J；

W ——功，J；

ΔU ——系统内能，J；

ΔE_k ——系统动能，J；

ΔE_p ——系统势能，J。

对于大多数工程传热问题，$\Delta E_k = \Delta E_p = 0$，且通常考虑没有做功，$W = 0$，则 $Q = \Delta U$。

4.2.1　三种基本热传递方式

传热学是研究由温差引起的热能传递规律的科学。热力学第二定律指出，凡是有温差存在的地方，就有热能自发地从高温物体向低温物体传递。物体内能的增加或减少是因为物体和外界存在能量的交换，物体温度升高，其内部各种微观粒子(分子、原子)的热运动就会加强，当物体与周围环境之间存在温度梯度时，物体及周围环境中的微观粒子之间就会发生能量交换，热量便从高温的地方传到低温的地方，从而达到能量的稳定状态。一般来说，热传递的方式有三种：热传导、热对流和热辐射[62]。

4.2.1.1　热传导

当物体内部存在温差，即存在温度梯度时，热量从物体的高温部分传递到低温部分，而且不同温度的物体相互接触时，热量会从高温物体传递到低温物体，这种热量传递的方式称为热传导。热传导满足如下公式：

$$\frac{Q'}{t} = \frac{\lambda A(T_h - T_c)}{d} \tag{4-2}$$

式中　Q'——时间 t 内的传热量或热流量，J；

t——时间，s；

λ——导热系数，W/(m·K)；

T_h——高温部分的温度，K；

T_c——低温部分的温度，K；

A——平面面积，m^2；

d——两平面之间距离，m。

4.2.1.2　热对流

热对流是指固体的表面与它周围接触的流体之间，由于温差的存在而引起的热量交换。热对流可以分为两类：自然对流和强制对流。热对流用牛顿冷却方程来描述：

$$q = h(T_s - T_f) \tag{4-3}$$

式中　q——热流密度，W/m^2；

h——传热系数，$W/(m^2 \cdot K)$；

T_s ——固体表面的温度，K；

T_f ——周围流体的温度，K。

4.2.1.3 热辐射

热辐射是指物体发射电磁能，并被其他物体吸收转变为热能的热量交换过程。物体温度越高，单位时间辐射的热量就越多。热传导和热对流都需要有传热介质，而热辐射无须任何介质。

通常考虑两个或两个以上物体之间的辐射，系统中每个物体同时辐射并吸收热量，它们之间的净热量传递可以用斯蒂芬-玻尔兹曼方程来计算：

$$E_b = \sigma_b T_b^4 \tag{4-4}$$

式中 E_b ——黑体辐射力，W/m^2；

σ_b ——斯蒂芬-玻尔兹曼常量，取 5.67×10^{-8} $W/(m^2 \cdot K^4)$；

T_b ——黑体表面的热力学温度，K。

砖砌体进行高温试验时，热能就是通过以上三种方式传递给构件和周围环境的，通常在构件内部主要发生的是热传导，与周围环境之间的热交换是热对流和热辐射。

4.2.2 边界条件

为了使得每一节点的热平衡方程具有唯一解，必须附加一定的边界条件和初始条件，即定解条件。边界条件通常有以下三种情况[63]。

(1) 第一类边界条件是物体边界上的温度函数已知，用公式表示为：

$$T|_{\Gamma} = T_0 \tag{4-5}$$

$$T|_{\Gamma} = f(x,y,z,t) \tag{4-6}$$

式中 Γ ——物体边界；

T_0 ——已知温度，K；

$f(x,y,z,t)$ ——已知温度函数。

(2) 第二类边界条件是物体边界上的热流密度已知，用公式表示为：

$$-\lambda \left.\frac{\partial T}{\partial n}\right|_{\Gamma} = q \tag{4-7}$$

$$-\lambda \left.\frac{\partial T}{\partial n}\right|_{\Gamma} = g(x,y,z,t) \tag{4-8}$$

式中 λ ——导热系数，$W/(m \cdot K)$；

n ——法线方向上单位矢量；

q——热流密度(常数),W/m^2;

$g(x,y,z,t)$——热流密度函数。

(3) 第三类边界条件是与物体接触的流体介质的温度和传热系数已知,用公式表示为:

$$-\lambda \frac{\partial T}{\partial n}\bigg|_{\Gamma} = h(T - T_f')\big|_{\Gamma} \tag{4-9}$$

式中 T_f'——流体介质的温度,K;

h——传热系数,$W/(m^2 \cdot K)$。

火灾情况下砌体表面的边界条件一般为第三类。

4.2.3 基本假定

由于影响砌体试件温度场分布的因素很多,砌体试件的温度场分析是比较复杂的,在分析的过程中,要考虑主要的影响因素,忽略次要的影响因素。在分析砌体试件截面温度场时,采用以下假定[64]:

(1) 试件内无热源;

(2) 砌体的热传导均匀、各向同性;

(3) 材料的密度是不变的;

(4) 试件均匀受火。

4.3 ANSYS软件简述

ANSYS软件是融结构、热、流体、电磁、声学于一体的大型通用有限元商用分析软件,可广泛用于核工业、铁道、石油化工、航空航天、土木工程等一般工业及科学研究。在实际生产过程中,常常会遇到多种多样的热量传递问题:分析和计算某个系统或部件的温度分布、热量的获取或损失、热梯度等。ANSYS软件在热分析问题方面具有强大的功能,而且界面友好,易于掌握。ANSYS软件进行热分析计算的基本原理是把所处理的对象首先划分成有限个单元,然后根据能量守恒原理求解一定边界条件和初始条件下每一节点处的热平衡方程,由此计算出各节点的温度值,继而进一步求解出其他相关量[65]。

ANSYS软件热分析基本步骤分三步:① 前处理,建模;② 求解,施加温度荷载计算;③ 后处理,查看结果。

4.4 瞬态温度场的数值模拟

4.4.1 模型建立

砖砌体试件模型截面尺寸(长×宽)为 0.360 m×0.240 m,见图 4-1。砖砌体试件有限元计算单元选用二维温度单元 PLANE55,对于瞬态传热问题,在定义材料性能参数时,需要定义导热系数、比热容和密度。

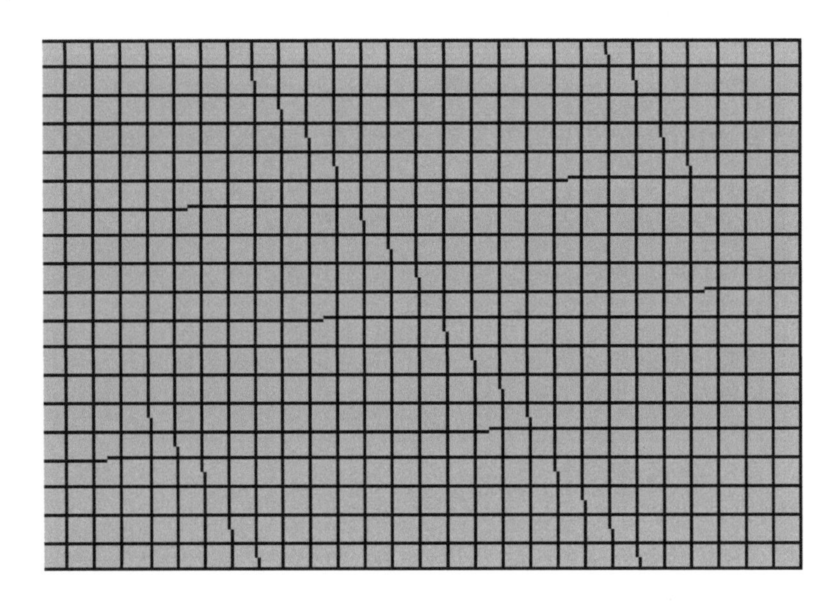

图 4-1 模型截面示意图

4.4.2 试件温度场关键参数分析

(1) 砌体的导热系数

导热系数是指单位时间内单位温度梯度下,通过单位面积等温面的导热量。导热系数是影响导热过程的一个重要物理量,其数值的大小表示物体传播温度变化的能力。

由《民用建筑热工设计规范》(GB 50176—2016)[66]附录 B 可知,对混合砂浆黏土砖砌体来说,导热系数为 0.76 W/(m·K)。

(2) 砌体的比热容

砌体的比热容是使单位质量的砌体升高单位温度所需的热量。砌体的比热容主要受块体和砂浆的影响，参照《民用建筑热工设计规范》(GB 50176—2016)附录B可知，对混合砂浆黏土砖砌体来说，比热容为1.05 kJ/(kg·K)。

(3) 质量密度

砌体的质量密度在升温过程中不断发生变化。在升温的初期，砌体内部所含水分汽化后溢出，质量密度减小，但对构件内部温度值的影响幅度较小。在结构的温度场分析时，为了简化计算，砌体的质量密度常取与温度无关的常量(1 700 kg/m^3)。

4.4.3　模拟结果与分析

初始温度取试验时的环境温度(10 ℃)，升温速率取5 ℃/min，恒温60 min，按照升温时间的不同确定计算时间，子步长均为60 s，按瞬态热分析进行选定，然后分析计算。

图4-2为砖砌体试件截面高温后温度场云图。由图可知，截面外边缘靠近高温气流，温度梯度变化较大，越靠近截面中心处，温度梯度变化越平缓，温度差变化也变小。

图4-3给出了最高温度分别为200 ℃、400 ℃、600 ℃和800 ℃时砖砌体试件截面内1、2、3号测点的实测温度变化与ANSYS软件模拟的温度变化的对比情况。在升温过程中，砖砌体试件内部的游离水和结合水逸出，砖砌体试件产生裂缝，使得实测的升温曲线基本上不是一条平滑的曲线。由于没考虑

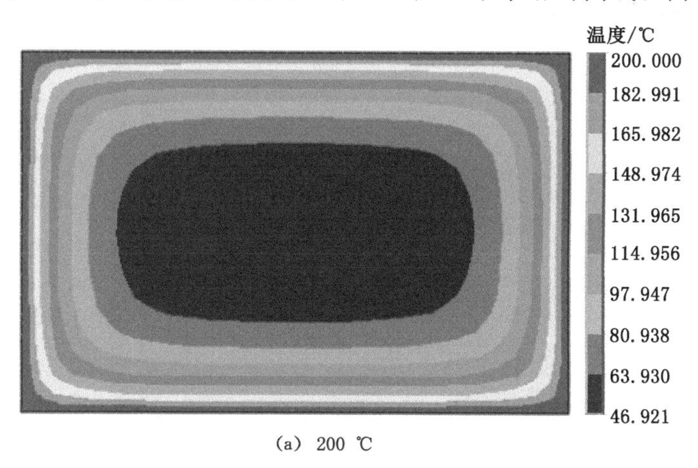

(a) 200 ℃

图4-2　砖砌体试件截面高温后温度场云图

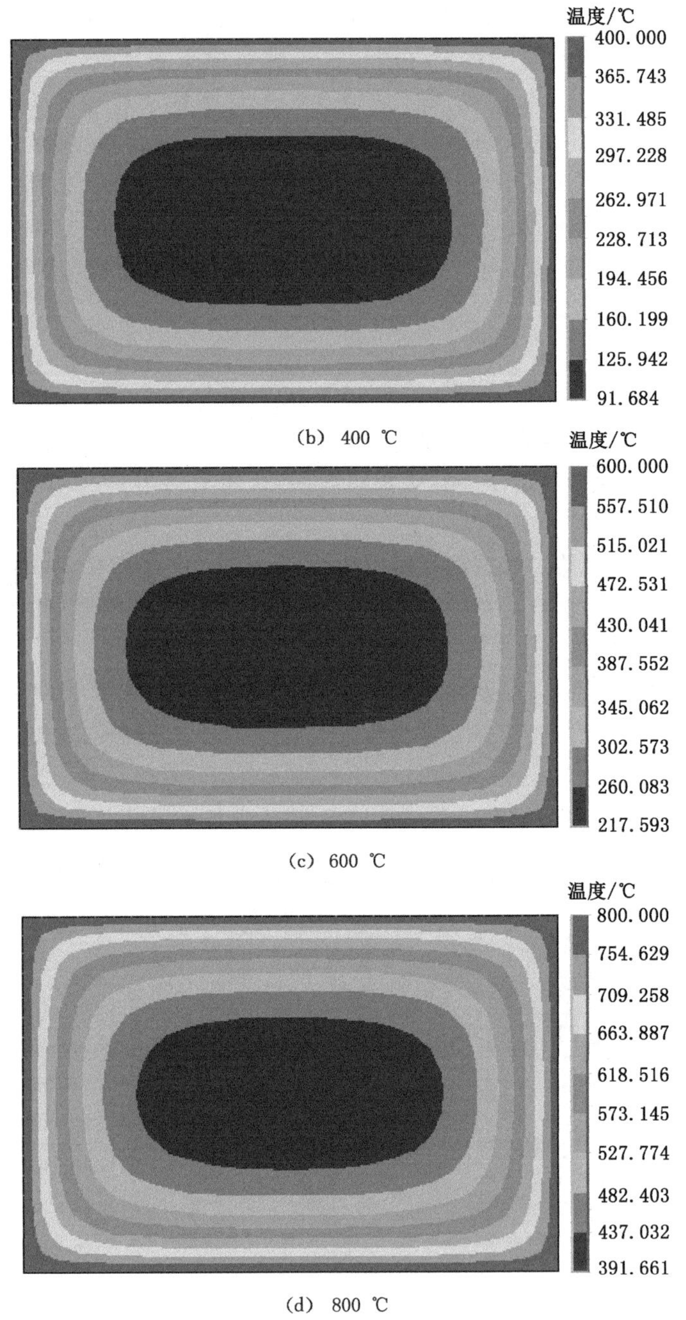

(b) 400 ℃

(c) 600 ℃

(d) 800 ℃

图 4-2 (续)

材料参数(导热系数、比热容和密度)随温度变化的规律,ANSYS 软件模拟的升温曲线与实测升温曲线之间略有误差,但基本吻合。

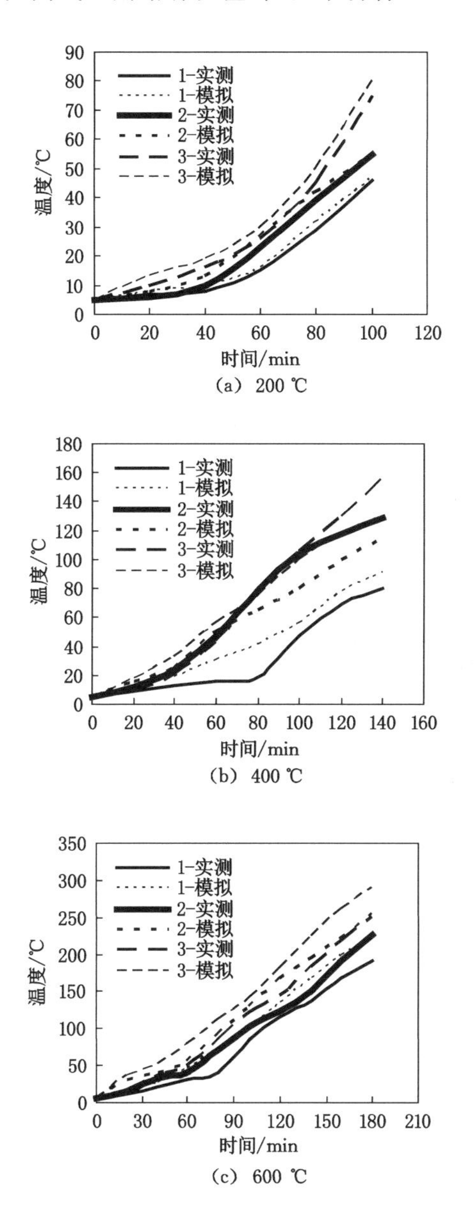

图 4-3　各测点实测温度变化与模拟温度变化对比

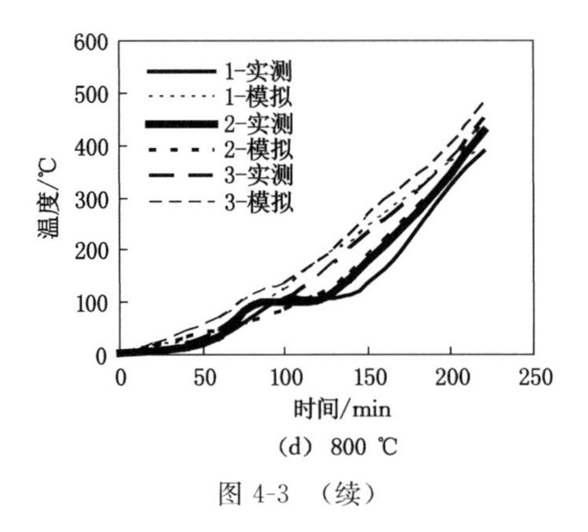

(d) 800 ℃

图 4-3 (续)

4.5 本章小结

本章对砖砌体试件温度场分析的理论基础做了简要介绍,包括热传递方程及材料的热工性能等,并采用一些必要的、与试验条件相近的简化条件和假定,借助 ANSYS 软件建立了砖砌体试件在高温下的模型,同时对其进行温度场分析,将计算结果与试验数据进行对比,主要结论如下:

(1) 模拟升温曲线和实测升温曲线基本吻合。

(2) 采用 ANSYS 软件对砖砌体试件在升温过程中的温度场进行模拟是可行的,可以为高温后砖砌体抗压强度的计算提供参考。

5　高温后砖砌体抗压强度计算

5.1　引　　言

砖砌体火灾高温后的力学性能中，最重要的一项是其抗压强度，因此建立具有工程准确度、概念清晰且简单实用的高温后砖砌体抗压强度的近似计算方法就显得很有必要。

本章在对国内外关于常温下砌体抗压强度计算方法综合分析的基础上，提出了高温后黏土砖砌体抗压强度的简化计算方法。

5.2　常温下砌体抗压强度计算的一般方法

大量试验表明，砌体在轴心受压时，砌体的抗压强度要比单砖抗压强度低，而又比砂浆抗压强度高。砌体在轴心受压时，其内部的砖和砂浆的受力情况较为复杂，这给砌体抗压强度计算公式的建立带来了许多困难。国内外对砌体抗压强度的研究主要有两个途径：一个是经验方法，另一个是理论方法。目前，世界上许多国家规范中给出的砌体抗压强度计算方法都是按经验方法确定的。

5.2.1　经验方法

经验方法指的是在试验的基础上，借助试验资料，经统计分析提出砌体抗压强度计算公式。这里只介绍几个有代表性的经验公式。

(1) 苏联的 Онишик 提出了被苏联规范采用的砌体抗压强度的计算公式：

$$f_{cmk} = \psi_u f_1 \left(1 - \frac{\alpha}{\beta + \frac{f_2}{2f_1}}\right)\gamma \tag{5-1}$$

式中 f_{cmk} ——砌体的抗压强度标准值，MPa；

ψ_u ——砌体内块体的抗压强度利用系数；

f_1，f_2 ——块体、砂浆的抗压强度平均值，MPa；

α，β ——与块体厚度及其几何形状的规则程度有关的系数，取值见表 5-1；

γ ——系数，仅在确定低强度砂浆的砌体抗压强度时采用。

表 5-1　砌体抗压强度标准值计算参数

砌体类别	α	β
砖砌体(每皮砖高度为 50～150 mm)	0.20	0.30
形状规则的实心砌块砌体(每皮砌块高度为 180～350 mm)	0.15	0.30
形状规则的空心砌块砌体(每皮砌块高度为 180～350 mm)	0.15	0.30
大块砌体(每皮砌块高度为 500 mm 或 500 mm 以上)	0.04	0.40
毛石砌体	0.20	0.25

该公式中考虑了影响砌体抗压强度的主要因素，较为合理，但是由于参数较多，计算时相对比较烦琐。

(2) 美国的 Grimm 通过大量的试验资料，建议砖棱柱砌体的抗压强度按以下公式计算：

$$f_1 = 1.42 \times 10^{-8} \zeta \eta f_{mb} (f_{mm}{}^2 + 9.45 \times 10^6)(1 + \xi)^{-1} \tag{5-2}$$

式中 f_1 ——砖棱柱砌体的抗压强度，MPa；

ζ ——砖棱柱砌体的长细比系数；

η ——材料尺寸系数；

f_{mb} ——砖的抗压强度平均值，MPa；

f_{mm} ——砂浆立方体的抗压强度平均值，MPa；

ξ ——砌体的质量系数。

虽然 Grimm 公式中所考虑的因素较多，但它只适用于确定砖棱柱砌体的抗压强度，局限性较大。

(3) 我国的规范公式是在对国内外砌体抗压强度公式分析的基础上，结合试验数据资料建立起来的，具体见式(1-3)，式中参数取值见表 5-2。

表 5-2 砌体抗压强度平均值计算参数

序号	砌体类型	k_1	a	k_2
1	烧结普通砖、烧结多孔砖、蒸压灰砂砖、蒸压粉煤灰砖	0.78	0.5	当 $f_2 < 1$ 时，$k_2 = 0.6 + 0.4f_2$
2	混凝土砌块	0.46	0.9	当 $f_2 = 0$ 时，$k_2 = 0.8$
3	毛料石	0.79	0.5	当 $f_2 < 1$ 时，$k_2 = 0.6 + 0.4f_2$
4	毛石	0.22	0.5	当 $f_2 < 2.5$ 时，$k_2 = 0.4 + 0.24f_2$

注：① k_2 在表列条件以外时均等于 1.0。

② 表中的混凝土砌块是指混凝土小型砌块。

③ 混凝土砌块砌体的抗压强度平均值，当 $f_2 > 10$ MPa 时，应乘系数 $(1.1 - 0.01f_2)$，MU20 的砌体应乘系数 0.95，且满足 $f_1 \geqslant f_2$，$f_1 \leqslant 20$ MPa。

经验方法建立的砌体抗压强度计算公式的优点是在计算砌体抗压强度时比较准确，离散程度低，使用起来较为方便。

5.2.2 理论方法

理论方法指的是根据弹性分析，建立理论模式，从而建立砌体抗压强度计算公式。

A. J. Francis 等人提出的砌体抗压强度模式是以单块砖叠砌的棱柱体试件为研究对象的，并提出如下假设：

① 忽略试验机压板对砌体上、下表面约束变形的影响；

② 由于砂浆的弹性模量较砖的弹性模量小很多，砖与砂浆之间的黏结力使它们不产生滑移。

当砌体受竖向压应力 σ_y 时，如图 5-1 所示，砖内将产生横向拉应力，砂浆内则产生横向压应力。

砖在 x、z 方向的拉应变为：

$$\varepsilon_{xb} = \frac{1}{E_b}[\sigma_{xb} + \nu_b(\sigma_y - \sigma_{zb})] \tag{5-3}$$

$$\varepsilon_{zb} = \frac{1}{E_b}[\sigma_{zb} + \nu_b(\sigma_y - \sigma_{xb})] \tag{5-4}$$

砂浆在 x、z 方向的压应变为：

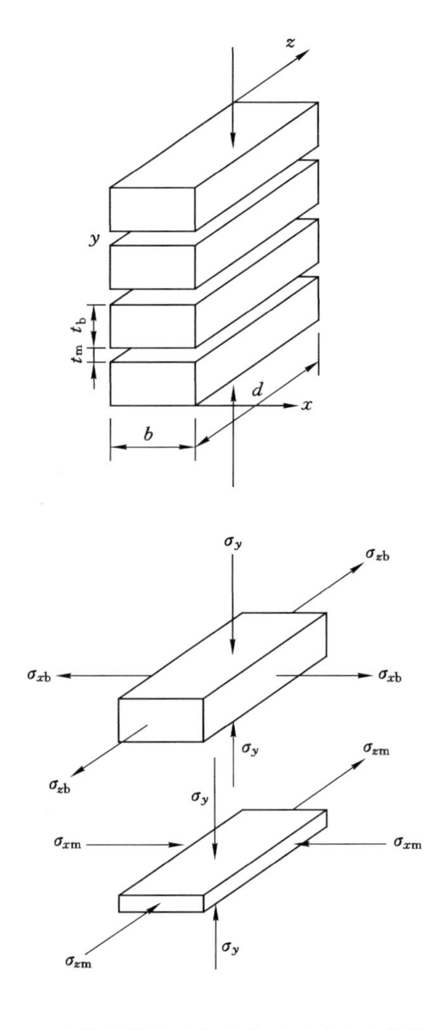

图 5-1 砌体在轴向压应力作用下砖和砂浆的应力

$$\varepsilon_{xm} = \frac{1}{E_m}[-\sigma_{xm} + \nu_m(\sigma_y + \sigma_{zm})] \tag{5-5}$$

$$\varepsilon_{zm} = \frac{1}{E_m}[-\sigma_{zm} + \nu_m(\sigma_y + \sigma_{xm})] \tag{5-6}$$

式中 σ_{xb},σ_{zb},σ_{xm},σ_{zm}——砖和砂浆分别在 x 方向和 z 方向的应力,MPa;

ε_{xb},ε_{zb},ε_{xm},ε_{zm}——砖和砂浆分别在 x 方向和 z 方向的应变;

E_b,E_m——砖和砂浆的弹性模量,MPa;

ν_b,ν_m ——砖和砂浆的泊松比。

假定砖和砂浆的横向变形相等,即:

$$\varepsilon_{xb}=\varepsilon_{xm} \tag{5-7}$$

$$\varepsilon_{zb}=\varepsilon_{zm} \tag{5-8}$$

在 x 和 z 两个方向上砖内的横向拉力与砂浆的横向压力分别平衡,则:

$$\sigma_{xb}dt_b=\sigma_{xm}dt_m \tag{5-9}$$

式中 d ——单块砖的长度,m;

t_b,t_m ——砖的厚度和砂浆灰缝厚度,m。

令 $\alpha'=\dfrac{t_b}{t_m}$, 则:

$$\sigma_{xm}=\frac{t_b}{t_m}\sigma_{xb}=\alpha'\sigma_{xb} \tag{5-10}$$

同理,

$$\sigma_{zm}=\alpha'\sigma_{zb} \tag{5-11}$$

令 $\beta'=\dfrac{E_b}{E_m}$, 由式(5-3)~式(5-8)可得:

$$\sigma_{xb}+\nu_b(\sigma_y-\sigma_{zb})=\beta'[-\sigma_{xm}+\nu_m(\sigma_y+\sigma_{zm})] \tag{5-12}$$

$$\sigma_{zb}+\nu_b(\sigma_y-\sigma_{xb})=\beta'[-\sigma_{zm}+\nu_m(\sigma_y+\sigma_{xm})] \tag{5-13}$$

将式(5-10)、式(5-11)代入式(5-12)、式(5-13),得:

$$\sigma_{xb}(1+\alpha'\beta')-\sigma_{zb}(\nu_b+\alpha'\beta'\nu_m)=(\beta'\nu_m-\nu_b)\sigma_y \tag{5-14}$$

$$\sigma_{xb}(\nu_b+\alpha'\beta'\nu_m)-\sigma_{zb}(1+\alpha'\beta')=(\nu_b-\beta'\nu_m)\sigma_y \tag{5-15}$$

由以上两式得:

$$\sigma_{xb}=\sigma_{zb}=\frac{\sigma_y(\beta'\nu_m-\nu_b)}{1+\alpha'\beta'-\nu_b-\alpha'\beta'\nu_m} \tag{5-16}$$

根据 Hilsdorf 的建议:

$$\sigma_{xb}=\frac{1}{\varphi}(\sigma_{ult}{}'-\sigma_{ult}) \tag{5-17}$$

$$\varphi=\frac{\sigma_{ult}{}'}{\sigma_t{}'} \tag{5-18}$$

式中 $\sigma_{ult}{}'$ ——无拉应力条件下砖破坏时的压应力,MPa;

σ_{ult} ——有拉应力条件下砖破坏时的压应力,MPa;

$\sigma_t{}'$ ——砖的抗拉强度,MPa。

将式(5-17)代入式(5-16),可得出 σ_{ult} 与 $\sigma_{ult}{}'$ 之间的表达式:

$$\rho' = \frac{\sigma_{ult}}{\sigma_{ult}'} = \frac{1}{1 + \frac{\varphi(\beta'\nu_m - \nu_b)}{1 - \nu_b + \alpha'\beta'(1 - \nu_m)}} \tag{5-19}$$

式中$(1-\nu_b)$一般比$\alpha'\beta'(1-\nu_m)$小很多，则上式可简化为：

$$\rho' = \frac{1}{1 + \frac{\varphi(\beta'\nu_m - \nu_b)}{\alpha'\beta'(1 - \nu_m)}} \tag{5-20}$$

式(5-20)的特点在于用双轴受力时砖内的压应力来衡量砌体的抗压强度，它反映了砖和砂浆的强度、变形以及砖厚度和砂浆灰缝厚度的影响，但也存在一些缺点，主要是该公式不能直接用于结构设计。式中$\beta' = \frac{E_b}{E_m}$，而在弹性阶段$E = \frac{\sigma}{\varepsilon}$，现取块体和砂浆的割线弹性模量，认为块体和砂浆的极限应变一致，即$\beta' = \frac{f_1}{f_2}$。式(5-20)可改写为：

$$f_{cm} = \frac{\alpha'\frac{f_1}{f_2}(1 - \nu_m)}{\alpha'\frac{f_1}{f_2}(1 - \nu_m) + \varphi(\frac{f_1}{f_2}\nu_m - \nu_b)} f_1 \tag{5-21}$$

式中　f_{cm}——砌体抗压强度平均值，MPa；

f_1, f_2——块体和砂浆的抗压强度平均值，MPa。

目前的理论方法还不够完善，但对进一步研究砌体的抗压强度有着积极的意义。

5.3　高温后砖砌体抗压强度的计算方法

高温后砖砌体的抗压强度与高温后材料的性能有关，因此在分析之前需要首先明确高温后砌体材料（块体和砂浆）的性能变化规律，本书参考实测温度及 ANSYS 软件有限元截面温度场分析结果，依据高温后材料性能变化规律，采用分层法计算截面材料的抗压强度降低系数，得到了高温后砖砌体抗压强度的计算公式。

5.3.1　高温后材料性能的变化规律

5.3.1.1　*砂浆*

高温自然冷却后 M10 混合砂浆抗压强度变化规律为：

$$\frac{\overline{f}_{cs}'}{\overline{f}_{cs}}=1.004-4\times10^{-8}T_1{}^2-8\times10^{-4}T_1 \quad (10\ ℃\leqslant T_1\leqslant 800\ ℃)$$

(5-22)

式中 $\overline{f}_{cs}'$——高温后砂浆的抗压强度平均值，MPa；

$\overline{f}_{cs}$——常温时砂浆的抗压强度平均值，MPa；

T_1——砂浆经历的温度，℃。

5.3.1.2 黏土砖

自然冷却条件下，黏土砖在 600 ℃及以下时，抗压强度几乎没有发生变化，而在经历 800 ℃后约下降至常温时的 70%，这里取 600 ℃$<T_2\leqslant$800 ℃时，$\frac{\overline{f}_{cz}'}{\overline{f}_{cz}}=0.695$，偏保守，即：

$$\frac{\overline{f}_{cz}'}{\overline{f}_{cz}}=\begin{cases}1 & 10\ ℃\leqslant T_2\leqslant 600\ ℃\\ 0.695 & 600\ ℃<T_2\leqslant 800\ ℃\end{cases} \tag{5-23}$$

式中 $\overline{f}_{cz}'$——高温后黏土砖的抗压强度平均值，MPa；

$\overline{f}_{cz}$——常温时黏土砖的抗压强度平均值，MPa；

T_2——黏土砖经历的温度，℃。

5.3.2 截面材料抗压强度降低系数计算方法

高温后砖砌体试件的抗压强度主要与高温后块体的抗压强度及砂浆的抗压强度有关。由于在高温下砖砌体试件截面内的温度分布是不均匀的，砌体材料的损伤程度亦不同，截面最外层温度最高，材料受损最严重，截面温度由外向里逐步降低，材料受损程度也逐步减小，因此砖砌体试件的抗压强度是其截面内不同温度层抗压强度的综合反映，可采用分层法来计算截面材料的抗压强度降低系数[67]。

分层法即先把截面内的温度分布情况以等温线为界限划分为若干区域，再对每一个区域的平均温度所对应的高温后材料的抗压强度降低系数进行加权平均，来计算整个截面材料的抗压强度降低系数。对于砖砌体试件的分层法示意图见图 5-2。

分层法具体可按下式计算：

$$f_{cT}=\varphi_c f_c \tag{5-24}$$

式中 f_{cT}——高温后砌体材料的平均抗压强度，MPa；

f_c——常温时砌体材料的平均抗压强度，MPa；

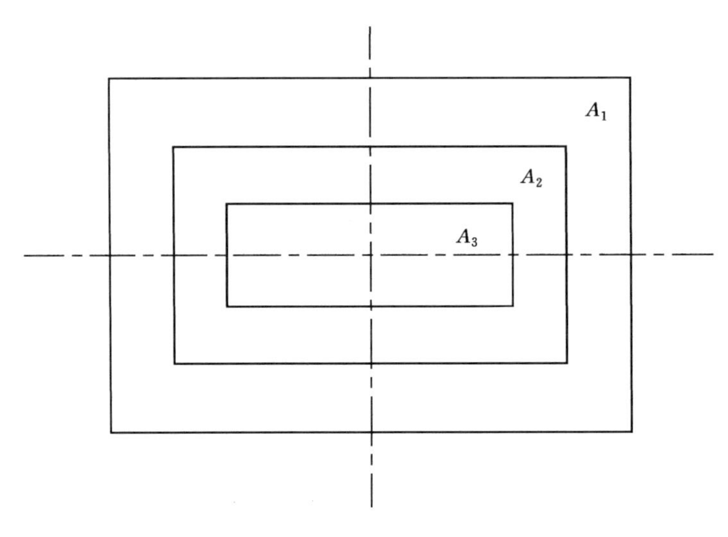

图 5-2 分层法示意图

φ_c ——高温后砌体材料的平均抗压强度降低系数。

φ_c 由下式计算：

$$\varphi_c = \frac{\sum A_i \varphi_{ci}}{A} \tag{5-25}$$

式中 φ_{ci} ——高温后第 i 层砌体材料的平均抗压强度降低系数，即高温后第 i 层砌体材料的平均抗压强度与常温时砌体材料的平均抗压强度的比值；

A_i ——第 i 层等温区域的面积，m^2；

A ——砌体截面的总面积，m^2。

最后利用砖和砂浆的抗压强度降低系数，对砖和砂浆的抗压强度进行折减，然后代入常温下关于计算砌体结构抗压强度的计算公式进行计算。

5.3.3 高温后砖砌体抗压强度计算方法

根据试验结果，高温后砖砌体的破坏模式与常温时相比有一定的相似性，因此，常温后砖砌体抗压强度的计算方法也适用于高温后砖砌体抗压强度的计算，只是砖砌体材料的强度指标发生了变化，需要根据截面温度场分布做出相应的调整。

参考实测结果及前述 ANSYS 软件分析的砖砌体截面温度场分布情况，采用分层法对不同温度后砖砌体截面进行简化，简化结果见图 5-3。

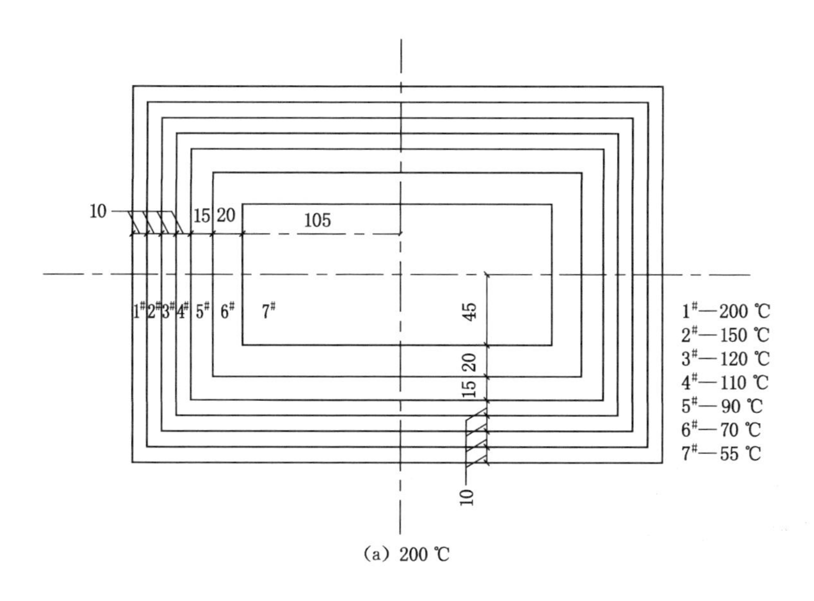

(a) 200 ℃

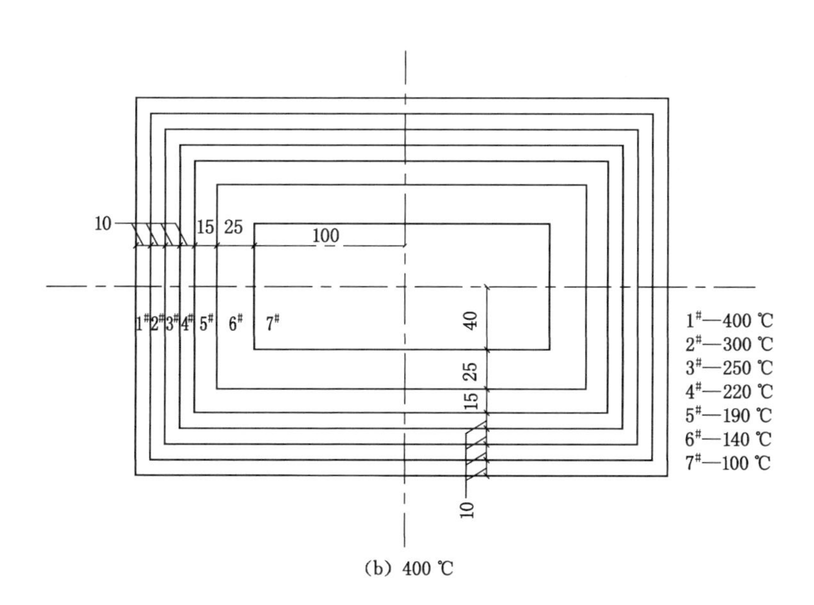

(b) 400 ℃

图 5-3 不同温度后砖砌体截面简化分层示意图

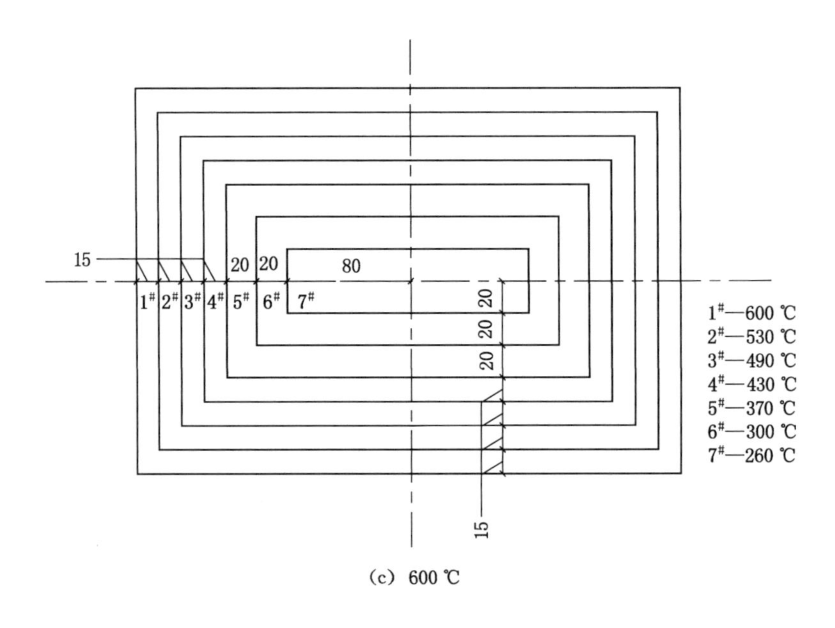

(c) 600 ℃

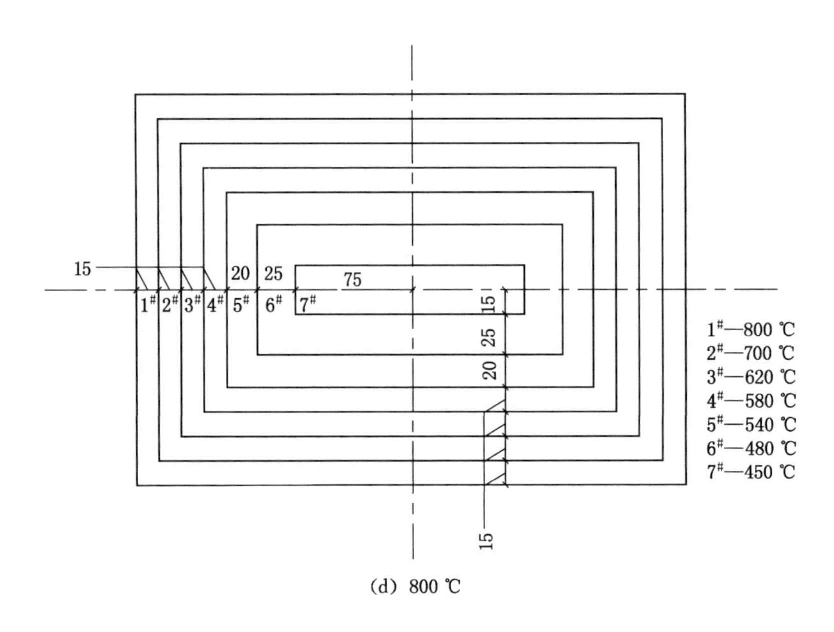

(d) 800 ℃

图 5-3 (续)

本书采用分层法计算了高温后砖、砂浆的平均抗压强度降低系数 φ_{c1}、φ_{c2}，然后对常温下砖砌体抗压强度计算公式相关参数进行修正，即可得到高温后砖砌体抗压强度的计算公式。

不同温度后砖和砂浆的平均抗压强度降低系数见表 5-3。

表 5-3 不同温度后砖和砂浆的平均抗压强度降低系数

温度	φ_{c1}	φ_{c2}
常温	1	1
200 ℃	0.917 2	1
400 ℃	0.829 1	1
600 ℃	0.611 4	1
800 ℃	0.427 8	0.838 0

采用“二次多项式”拟合方法对高温后砖的平均抗压强度降低系数 φ_{c1} 进行拟合，公式如下：

$$\varphi_{c1} = -6\times10^{-7}T^2 - 0.000\,3T + 1.002\,2 \tag{5-26}$$

式中 T——温度，℃。

砂浆的平均抗压强度降低系数 φ_{c2} 为：

$$\varphi_{c2} = \begin{cases} 1 & 10\ ℃ \leqslant T \leqslant 600\ ℃ \\ 0.84 & 600\ ℃ < T \leqslant 800\ ℃ \end{cases} \tag{5-27}$$

将平均抗压强度降低系数 φ_{c1}、φ_{c2} 引入我国规范中给出的砌体结构抗压强度计算公式，即可得到高温后砖砌体抗压强度 f_{cm}' 的计算公式：

$$f_{cm}' = k_1'(\varphi_{c1}f_1')^{a'}(1+0.07\varphi_{c2}f_2')k_2' \tag{5-28}$$

式中 f_{cm}'——高温后砖砌体的抗压强度平均值，MPa；

f_1'——常温时砖的抗压强度平均值，MPa；

f_2'——常温时砂浆的抗压强度平均值，MPa；

a'，k_1'——不同类型砖砌体的块材形状、尺寸、砌筑方法等因素的影响系数，取值参照表 5-2；

k_2'——砂浆强度对砖砌体抗压强度的影响系数，取值参照表 5-2。

5.4 计算结果与试验结果的比较

为了验证本书提出的计算方法的正确性,将由该计算方法计算得到的砖砌体抗压强度推出的破坏荷载(极限承载力)与实测的破坏荷载(极限承载力)进行了对比,具体的对比结果见表5-4。

表5-4 实测抗压破坏荷载和计算抗压破坏荷载对比

试件编号	温度/℃	实测抗压破坏荷载 N/kN	计算抗压破坏荷载 N_1/kN	$\frac{N}{N_1}$
F0	10	713	515	1.384
F1	200	679	510	1.331
F2	400	541	493	1.097
F3	600	461	435	1.060
F4	800	401	349	1.149

由表5-4可以得出,$\frac{N}{N_1}$的平均值为破坏荷载1.204,均方差为0.016 7,本书给出的计算方法计算得到的抗压破坏荷载小于实测抗压破坏荷载,是偏于安全的。

计算值与实测值之间误差产生的主要原因有以下几个方面:

(1) 试件本身的离散性产生的误差。砖和砂浆是离散性比较大的材料,试验确定的这两种材料的高温变化规律与实际情况存在一定的误差,因此由其砌筑而成的试件难免离散性也较大,这将影响到高温后砖砌体抗压强度计算的精确度。

(2) 温度场简化产生的误差。要精确地确定砖砌体截面内各点的温度,需要埋设相当数量的热电偶,操作起来难度较大。采用ANSYS软件进行温度场模拟时受到材料热工参数的影响,使得模拟结果与实测结果存在一定的误差,从而影响到抗压强度计算。

(3) 平均抗压强度降低系数拟合时会产生误差。

5.5　本章小结

本章对目前国内外有关砌体结构抗压强度的计算方法做了简要的介绍，并在此基础上给出了高温后砖砌体抗压强度的计算方法。该方法结合了我国现行标准《砌体结构设计规范》(GB 50003—2011)中关于常温情况下砌体抗压强度的计算公式，能给出安全且较为准确的结果，可供工程设计参考使用。

6 砌体结构现场检测与加固方法

6.1 引　　言

砌体结构具有一定的耐火性能,但遭受火灾高温后,由前述内容可知砌体结构也会受到一定损伤,若对其不做相应的处理,可能会给人们的生命财产造成损失。砌体结构房屋遭受火灾后,通常表现为不同程度的破坏和损伤,少有倒塌,一般经修复加固后仍可继续使用。由于火灾对建筑物不同部位的作用不同,结构构件对火灾作用的反应也就不同,科学合理地对火灾后砌体结构的受损程度进行检测评估并提出相应的加固方法是需要解决的首要问题。

本章介绍了目前常用的一些适用于高温后砌体结构的现场检测与加固方法。

6.2 砌体结构现场检测方法

砌体结构的现场检测方法,按测试内容可分为[68]:

(1) 检测砌体抗压强度:原位轴压法、扁顶法。

(2) 检测砌体工作应力和弹性模量:扁顶法。

(3) 检测砌体抗剪强度:原位单剪法、原位双剪法。

(4) 检测砌筑砂浆强度:推出法、筒压法、砂浆片剪切法、砂浆回弹法、点荷法。

6.2.1 原位轴压法

原位轴压法是采用压力机在墙体上进行抗压测试,检测砌体抗压强度的方法,它适用于测试 240 mm 厚普通砖墙体的抗压强度。

试验装置由扁式加载器、自平衡反力架和液压加载系统组成。测试时先沿砌体测试部位垂直方向在试样高度上下两端各开凿一个水平槽孔，在槽内各嵌入一扁式千斤顶，并用拉杆固定。通过加载系统对试样分级加载，直到试件受压开裂破坏，求得砌体的极限抗压强度。原位压力机测试工作状况如图 6-1 所示。

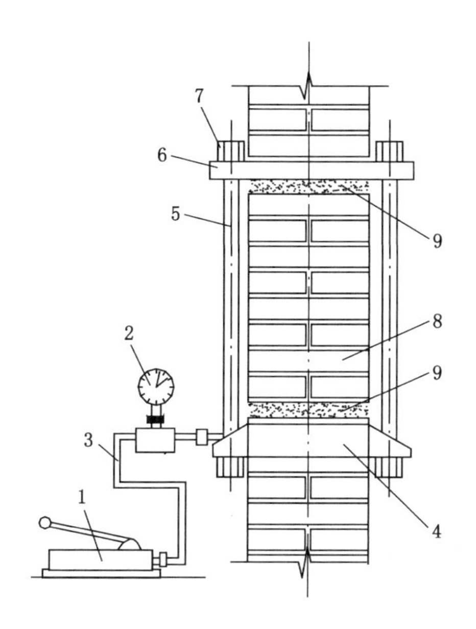

1—手动油泵；2—压力表；3—高压油管；4—扁式千斤顶；
5—拉杆；6—反力板；7—螺母；8—槽间砌体；9—砂垫层。

图 6-1 原位压力机测试工作状况

槽间砌体的抗压强度，应按式(6-1)计算。

$$f_{uij}=\frac{N_{uij}}{A_{ij}} \tag{6-1}$$

式中 f_{uij} ——第 i 个测区的第 j 个测点槽间砌体的抗压强度，MPa；

N_{uij} ——第 i 个测区的第 j 个测点槽间砌体的受压破坏荷载值，N；

A_{ij} ——第 i 个测区的第 j 个测点槽间砌体的受压面积，mm^2。

单个测点的槽间砌体抗压强度除以换算系数，即为标准砌体的抗压强度，按式(6-2)和式(6-3)计算。

$$f_{mij}=\frac{f_{uij}}{\xi_{1ij}} \tag{6-2a}$$

$$\xi_{1ij} = 1.25 + 0.60\sigma_{0ij} \tag{6-2b}$$

式中 f_{mij} ——第 i 个测区的第 j 个测点的标准砌体抗压强度换算值，MPa；

ξ_{1ij} ——原位轴压法的无量纲的强度换算系数；

σ_{0ij} ——该测点上部墙体的压应力，MPa，可按墙体实际所承受的荷载标准值计算。

测区砌体的抗压强度平均值，应按式(6-3)计算。

$$f_{mi} = \frac{1}{n_1}\sum_{j=1}^{n_1} f_{mij} \tag{6-3}$$

式中 f_{mi} ——第 i 个测区的砌体抗压强度平均值，MPa；

n_1 ——第 i 个测区的测点数。

该方法的最大优点是综合反映了砖材、砂浆变异及砌筑质量对抗压强度的影响；测试设备具有变形适应能力强、操作简便等特点，对低强度砂浆、变形很大或抗压强度较高的墙体均适用。

6.2.2 扁顶法

扁顶法是采用扁式液压千斤顶在墙体上进行抗压测试，检测砌体的受压工作应力、弹性模量、抗压强度的方法。

扁顶法的试验装置由扁式液压加载器及液压加载系统组成。试验时，在待测砌体部位按所取试样的高度在上下两端垂直于主应力方向，沿水平灰缝将砂浆掏空，形成两个水平空槽，将扁式液压千斤顶放入灰缝的空槽内。当扁式液压千斤顶进油时，液囊膨胀对砌体产生应力，随着压力的增加，试件受载增大，直到开裂破坏。它是利用砖墙砌合特点，在水平砂浆灰缝处开凿槽口，装入扁式液压千斤顶，依据应力释放和恢复原理，测得墙体的受压工作应力、弹性模量，并通过测定槽间砌体的抗压强度确定其标准砌体的抗压强度。扁顶法测试装置与变形测点布置如图 6-2 所示(图中 σ_0 为测点上部墙体的平均压应力)。

根据不同的测试目的，采用不同的测试步骤。具体测试方法参见相关标准，这里不再赘述。

槽间砌体的抗压强度，按式(6-1)计算。

根据槽间砌体的抗压强度，除以换算系数，可以得到标准砌体的抗压强度，按式(6-2)和式(6-3)计算。

6.2.3 原位单剪法

原位单剪法是在墙体上沿单个水平灰缝进行抗剪测试，检测砌体抗剪强

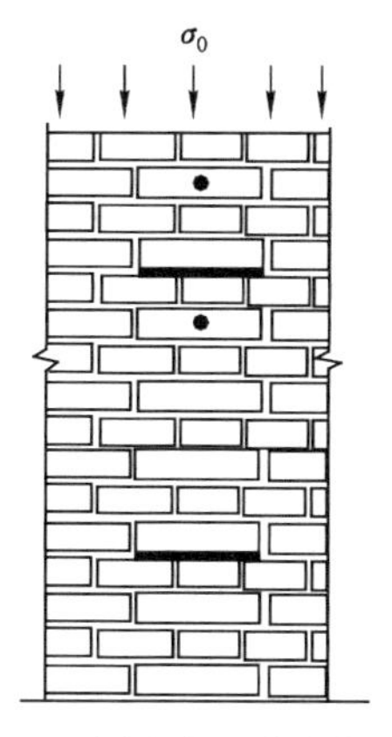

(a) 测试受压工作应力

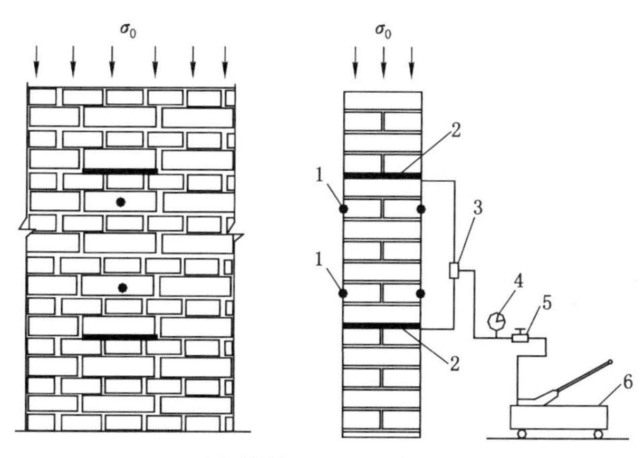

(b) 测试弹性模量和抗压强度

1—变形测量脚标(两对);2—扁式液压千斤顶;3—三通接头;
4—压力表;5—溢流阀;6—手动油泵。

图 6-2　扁顶法测试装置与变形测点布置

度的方法。

该方法主要依据我国以往砖砌体单剪试验方法,适用于推定砖砌体沿通缝截面的抗剪强度,测试部位宜选在窗洞门或其他洞口下三皮砖范围,试件具体尺寸和测试装置分别如图 6-3、图 6-4 所示。测试设备包括螺旋千斤顶或卧式液压千斤顶、荷载传感器及数字荷载表等。

原位单剪法的测试步骤参见相关标准。

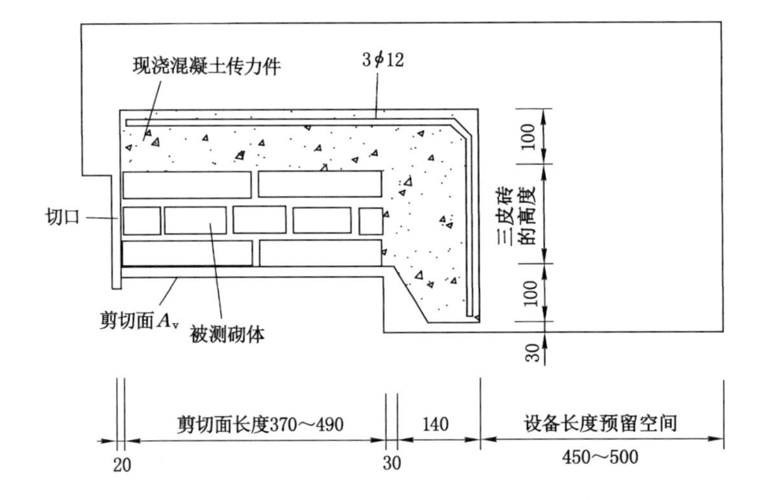

图 6-3　原位单剪试件大样

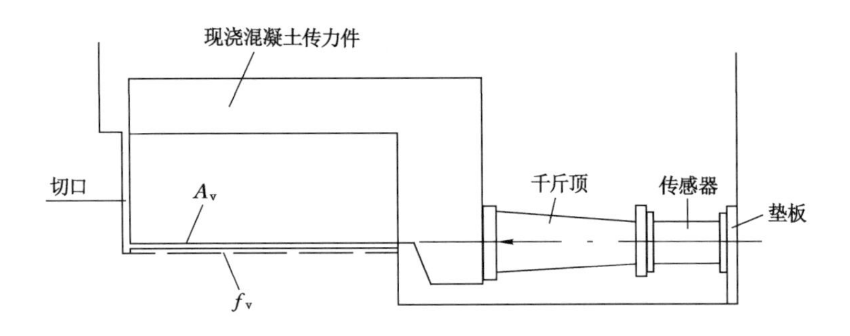

图 6-4　原位单剪法测试装置

砌体沿通缝截面的抗剪强度等于抗剪荷载除以受剪面积,不需要换算系数,如式(6-4)所示。

$$f_{vij}=\frac{N_{vij}}{A_{vij}} \tag{6-4}$$

式中　f_{vij}——第 i 个测区第 j 个测点的砌体沿通缝截面抗剪强度,MPa;

N_{vij}——第 i 个测区第 j 个测点的抗剪破坏荷载,N;

A_{vij}——第 i 个测区第 j 个测点的受剪面积,mm^2。

测区砌体沿通缝截面抗剪强度平均值,应按式(6-5)计算。

$$f_{vi}=\frac{1}{n_1}\sum_{j=1}^{n_1}f_{vij} \tag{6-5}$$

式中 f_{vi} ——第 i 个测区的砌体沿通缝截面抗剪强度平均值，MPa；

n_1 ——第 i 个测区的测点数。

6.2.4 原位双剪法

原位双剪法包括原位单砖双剪法和原位双砖双剪法。原位单砖双剪法适用于推定各类墙厚的烧结普通砖或烧结多孔砖砌体的抗剪强度，原位双砖双剪法仅适用于推定 240 mm 厚墙体的烧结普通砖或烧结多孔砖砌体的抗剪强度。检测时，应将原位剪切仪的主机安放在墙体的槽孔内，并应以一块或两块并列完整的顺砖及其上下两条水平灰缝作为一个测点(试件)。原位双剪法测试示意图如图 6-5 所示，成套原位剪切仪示意图如图 6-6 所示。

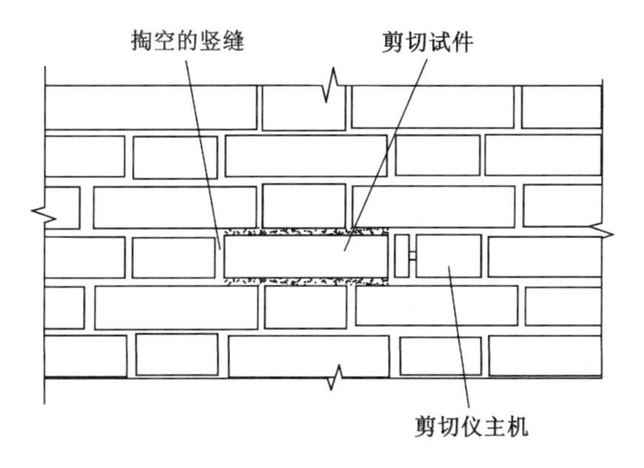

图 6-5 原位双剪法测试示意图

烧结普通砖砌体的单砖双剪法和双砖双剪法试件沿通缝截面的抗剪强度，按式(6-6)计算。

$$f_{vij}=\frac{0.32N_{vij}}{A_{vij}'}-0.70\sigma_{0ij} \tag{6-6}$$

式中 f_{vij} ——第 i 个测区第 j 个测点的砌体沿通缝截面抗剪强度，MPa；

N_{vij} ——第 i 个测区第 j 个测点的抗剪破坏荷载，N；

A_{vij}' ——第 i 个测区第 j 个测点单个灰缝受剪截面的面积，mm^2；

σ_{0ij} ——该测点上部墙体的压应力，MPa，当忽略上部压应力作用或释放上部压应力时，取为 0。

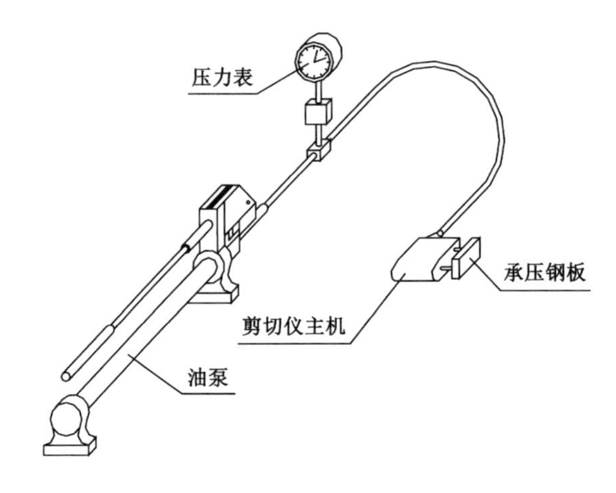

图 6-6　成套原位剪切仪示意图

试验时，也可采用释放上部压应力 σ_{0ij} 的方法，即将试件顶部第三条水平灰缝掏空，掏空长度不小于 620 mm。这样，式(6-6)的等号右边的第二项为零，减少了一项影响因素。

6.3　砌体结构加固方法

砌体结构遭遇火灾或者其他危险因素发生损伤，当可靠性鉴定不足时，需要由有资格的专业技术人员按相关规范的规定进行加固设计。

砌体结构的加固可分为直接加固与间接加固两类，设计时，可根据结构特点、实际条件和使用要求选择适宜的加固方法及配合使用的技术。直接加固宜根据工程的实际情况选用外加面层加固法、外包型钢加固法和外加扶壁柱加固法等，间接加固宜根据工程的实际情况选用外加预应力撑杆加固法和改变结构计算图形的加固方法[69]。

6.3.1　钢筋混凝土面层加固法

钢筋混凝土面层加固法，是通过外加钢筋混凝土面层，以提高砌体墙、柱的承载力和刚度的一种加固方法。采用钢筋混凝土面层加固砖砌体构件时，对柱宜采用围套加固的形式[图 6-7(a)]，对墙和带壁柱墙，宜采用有拉结的双侧加固形式[图 6-7(b)、(c)]。

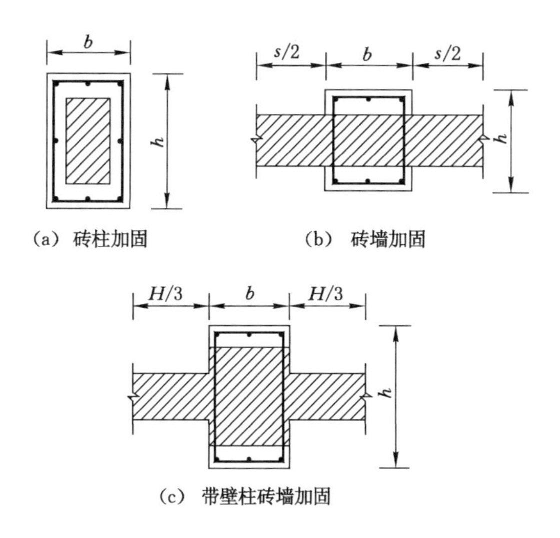

图 6-7 钢筋混凝土外加面层的形式

6.3.1.1 构造规定

采用钢筋混凝土面层对砌体墙、柱进行加固时，钢筋混凝土面层的截面厚度不应小于 60 mm，当用喷射混凝土施工时，不应小于 50 mm。加固用的混凝土，强度等级不应低于 C20 级；当采用 HRB335 级(或 HRBF335 级)钢筋或受有振动作用时，混凝土强度等级尚不应低于 C25 级。在配制墙、柱加固用的混凝土时，不应采用膨胀剂；必要时，可掺入适量减缩剂。

加固用的竖向受力钢筋，宜采用 HRB335 级或 HRBF335 级钢筋。竖向受力钢筋直径不应小于 12 mm，其净间距不应小于 30 mm。纵向钢筋的上下端均应有可靠的锚固；上端应锚入有配筋的混凝土梁垫、梁、板或牛腿内；下端应锚入基础内。纵向钢筋的接头应为焊接。

当采用围套式的钢筋混凝土面层加固砌体柱时，应采用封闭式箍筋；箍筋直径不应小于 6 mm。箍筋的间距不应大于 150 mm。柱的两端各 500 mm 范围内，箍筋应加密，其间距应取为 100 mm。若加固后的构件截面高度 $h \geqslant$ 500 mm，尚应在截面两侧加设竖向构造钢筋(图 6-8)，并相应设置拉结钢筋作为箍筋。

当采用两对面增设钢筋混凝土面层加固带壁柱墙或窗间墙(图 6-9)时，

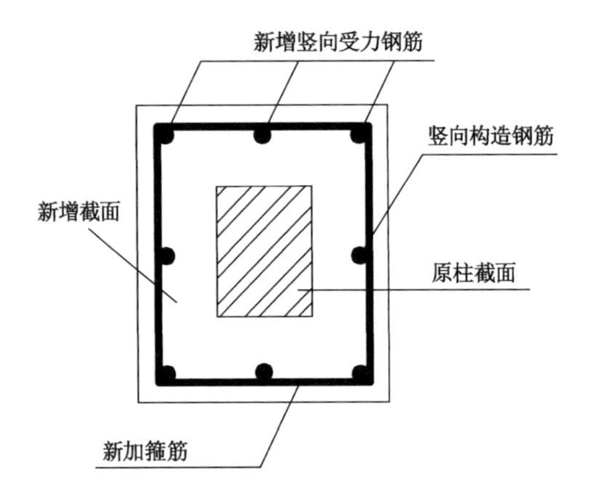

图 6-8　围套式面层的构造

应沿砌体高度每隔 250 mm 交替设置不等肢 U 形箍和等肢 U 形箍。不等肢 U 形箍在穿过墙上预钻孔后，应弯折成封闭式箍筋，并在封口处焊牢。U 形筋直径为 6 mm；预钻孔的直径可取 U 形筋直径的 2 倍；穿筋时应采用植筋专用的结构胶将孔洞填实。对带壁柱墙，尚应在其拐角部位增设竖向构造钢筋与 U 形箍筋焊牢。

当砌体构件截面任一边的竖向钢筋多于 3 根时，应通过预钻孔增设复合箍筋或拉结钢筋，并采用植筋专用结构胶将孔洞填实。

采用钢筋混凝土面层加固砌体构件时，当原砌体与后浇混凝土面层之间的界面处理及其黏结质量符合相关的要求时，可按整体截面计算。加固后的砌体柱，其计算截面可按宽度为 b 的矩形截面采用。加固后的砌体墙，其计算截面的宽度取为 $b+s$；b 为新增混凝土的宽度；s 为新增混凝土的间距；加固后的带壁柱砌体墙，其计算截面的宽度取窗间墙宽度；但当窗间墙宽度大于 $b+2/3H$（H 为墙高）时，仍取 $b+2/3H$ 作为计算截面的宽度（图 6-7）。加固构件的界面不允许有尘土、污垢、油渍等的污染，也不允许采取降低承载力的做法来考虑其污染的影响。

6.3.1.2　砌体受压加固计算

采用钢筋混凝土面层加固轴心受压的砌体构件时，其正截面受压承载力应按式(6-7)验算。

$$N \leqslant \varphi_{com}(f_{m0}A_{m0} + \alpha_c f_c A_c + \alpha_s f_y{}' A_s{}') \tag{6-7}$$

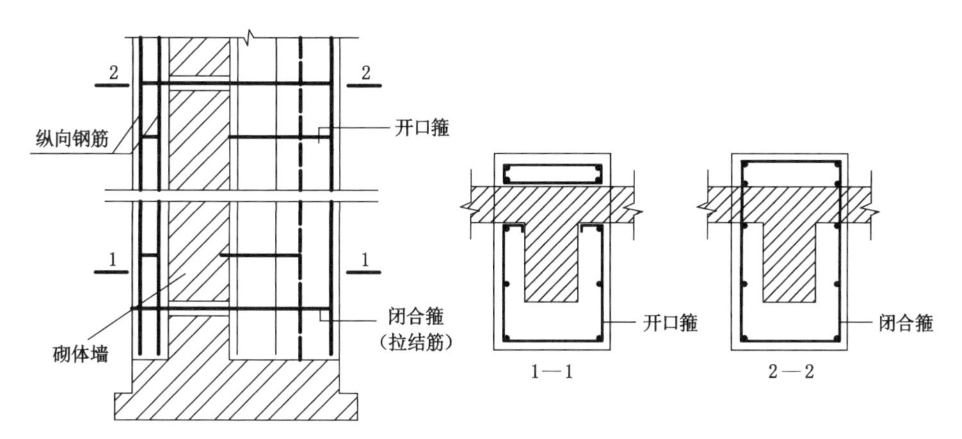

(a) 带壁柱墙的加固构造

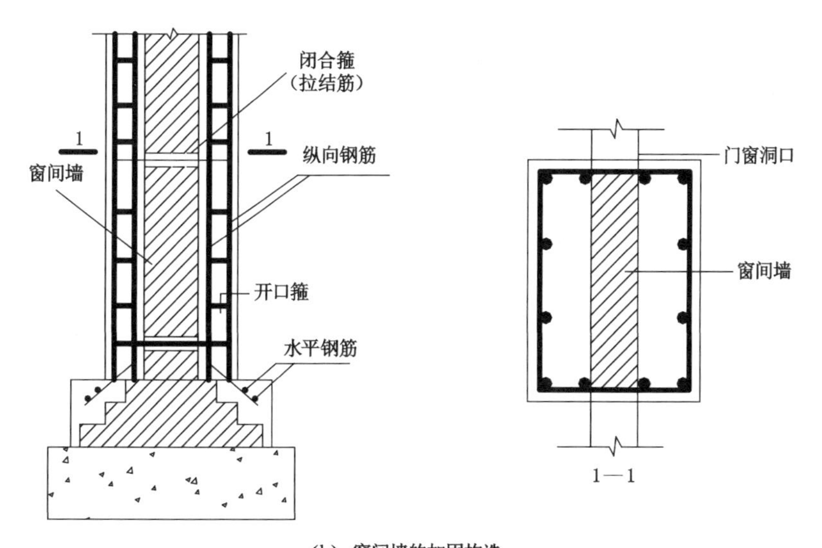

(b) 窗间墙的加固构造

图 6-9 带壁柱墙和窗间墙的加固构造

式中 N——构件加固后的轴心压力设计值；

φ_{com}——轴心受压构件的稳定系数，可根据加固后截面的高厚比及配筋率，按表 6-1 采用；

f_{m0}——原构件砌体抗压强度设计值；

A_{m0}——原构件截面面积；

α_c——混凝土强度利用系数，对砖砌体，取 $\alpha_c = 0.8$；

f_c——混凝土轴心抗压强度设计值；

A_c——新增混凝土面层的截面面积；

α_s——钢筋强度利用系数，对砖砌体，取 $\alpha_s = 0.85$；

f_y'——新增竖向钢筋抗压强度设计值；

A_s'——新增受压区竖向钢筋截面面积。

表 6-1　轴心受压构件稳定系数 φ_{com}

高厚比 β	配筋率 ρ/%				
	0.2	0.4	0.6	0.8	1.0
8	0.93	0.95	0.97	0.99	1.00
10	0.90	0.92	0.94	0.96	0.98
12	0.85	0.88	0.91	0.93	0.95
14	0.80	0.83	0.86	0.89	0.92
16	0.75	0.78	0.81	0.84	0.87
18	0.70	0.73	0.76	0.79	0.81
20	0.65	0.68	0.71	0.73	0.75

当采用钢筋混凝土面层加固偏心受压的砌体构件（图 6-10）时，其正截面承载力应按式(6-8)计算。

$$N \leqslant f_{m0} A_m' + \alpha_c f_c A_c' + \alpha_s f_y A_s' - \sigma_s A_s \tag{6-8a}$$

$$N \cdot e_N \leqslant f_{m0} S_{ms} + \alpha_c f_c S_{cs} + \alpha_s f_y' A_s' (h_0 - a') \tag{6-8b}$$

此时，钢筋 A_s 的应力 σ_s（单位为 MPa，正值为拉应力，负值为压应力），应根据截面受压区相对高度 $\xi = x/h_0$，按下列规定确定：当 $\xi > \xi_b$（即小偏心受压）时 $\sigma_s = 650 - 800\xi$，$-f_y' \leqslant \sigma_s \leqslant f_y$；当 $\xi \leqslant \xi_b$（即大偏心受压）时 $\sigma_s \leqslant f_y$。其中截面受压区高度 x 可由式(6-9)解得。

$$f_{m0} S_{mN} + \alpha_c f_c S_{cN} + \alpha_s f_y' A_s' e_N' - \sigma_s A_s e_N = 0 \tag{6-9a}$$

$$e_N = e + e_a + (h/2 - a) \tag{6-9b}$$

$$e_N' = e + e_a - (h/2 - a') \tag{6-9c}$$

$$e_a = \frac{\beta^2 h}{2\ 200}(1 - 0.022\beta) \tag{6-9d}$$

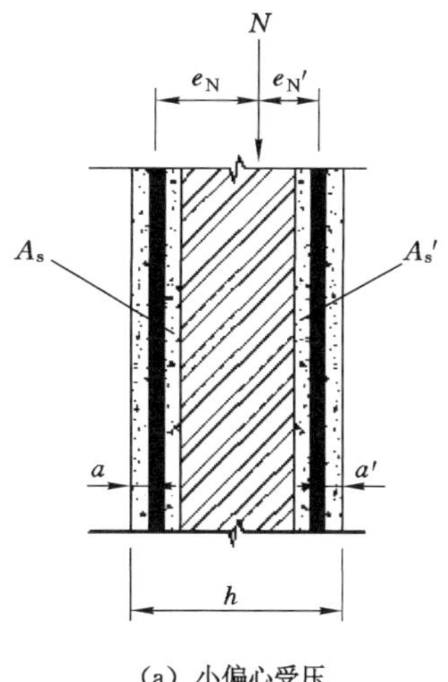

(a) 小偏心受压

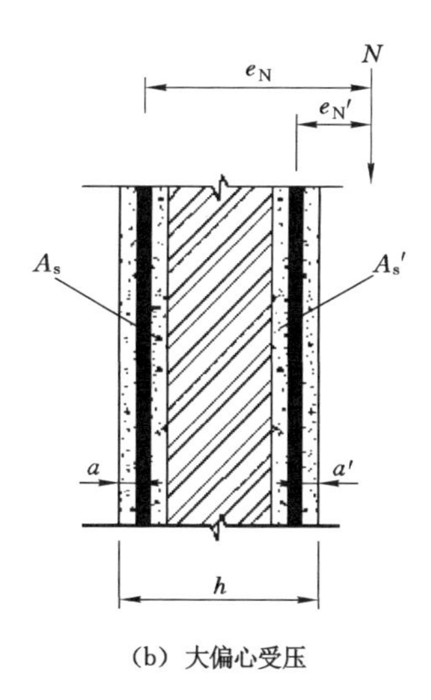

(b) 大偏心受压

图 6-10　加固后的偏心受压构件

式中　A_m'——砌体受压区的截面面积；

A_c'——混凝土面层受压区的截面面积；

α_c——偏心受压构件混凝土强度利用系数，对砖砌体，取 $\alpha_c=0.9$；

α_s——偏心受压构件钢筋强度利用系数，对砖砌体，取 $\alpha_s=1.0$；

S_{ms}——砌体受压区的截面面积对钢筋 A_s 重心的面积矩；

S_{cs}——混凝土面层受压区的截面面积对钢筋 A_s 重心的面积矩；

ξ_b——加固后截面受压区相对高度的界限值，对 HPB300 级钢筋配筋，取 0.575，对 HRB335 和 HRBF335 级钢筋配筋，取 0.550；

β——加固后的构件高厚比；

h——加固后的截面高度；

S_{mN}——砌体受压区的截面面积对轴向力 N 作用点的面积矩；

S_{cN}——混凝土外加面层受压区的截面面积对轴向力 N 作用点的面积矩；

e_N——钢筋 A_s 的合力点至轴向力 N 作用点的距离；

e_N'——钢筋 A_s'的重心至轴向力 N 作用点的距离；

e——轴向力对加固后截面的初始偏心距，按荷载设计值计算，当 $e<0.05h$ 时，取 $e=0.05h$；

e_a——加固后的构件在轴向力作用下的附加偏心距；

h_0——加固后的截面有效高度；

a,a'——钢筋 A_s和 A_s'的合力点至截面较近边的距离；

A_s——距轴向力 N 较远一侧钢筋的截面面积；

A_s'——距轴向力 N 较近一侧钢筋的截面面积。

6.3.1.3 砌体抗剪加固计算

钢筋混凝土面层对砌体加固的受剪承载力应符合下列条件：

$$V \leqslant V_m + V_{cs} \tag{6-10a}$$

$$V_{cs} = 0.44\alpha_c f_t bh + 0.8\alpha_s f_y A_s (h/s) \tag{6-10b}$$

式中 V——砌体墙面内剪力设计值；

V_m——原砌体受剪承载力，按现行国家标准《砌体结构设计规范》(GB 50003—2011)计算确定；

V_{cs}——采用钢筋混凝土面层加固后提高的受剪承载力；

f_t——混凝土轴心抗拉强度设计值；

α_c——砂浆强度利用系数，对砖砌体，取 $\alpha_c=0.8$；

α_s——钢筋强度利用系数，取 $\alpha_s=0.9$；

b——混凝土面层厚度(双面时，取其厚度之和)；

h——墙体水平方向长度；

f_y——水平向钢筋的设计强度值；

A_s——水平向单排钢筋截面面积；

s——水平向钢筋的间距。

6.3.2 钢筋网水泥砂浆面层加固法

钢筋网水泥砂浆面层加固法，是通过外加钢筋网砂浆面层，以提高砌体墙、柱的承载力和刚度的一种加固方法，适用于各类砌体墙、柱的加固。双面钢筋网抹压水泥砂浆面层加固砖墙，可使平面抗弯强度有较大幅度提高，平面内抗剪强度和延性提高较多，墙体抗裂性有较大改善。

6.3.2.1 构造规定

当采用钢筋网水泥砂浆面层加固法加固砌体构件时，对受压构件，其原砌筑砂浆的强度等级不应低于 M2.5；对砖砌体受剪构件，其原砌筑砂浆强度等级不宜低于 M1，但若为低层建筑，允许不低于 M0.4；对砌块砌体受剪构件，其原砌筑砂浆强度等级不应低于 M2.5。对块材严重风化(酥碱)的砌体，不应采用钢筋网水泥砂浆面层进行加固。

当采用钢筋网水泥砂浆面层加固砌体承重构件时，其面层厚度，对于室内正常湿度环境，应为 35～45 mm；对于露天或潮湿环境，应为 45～50 mm。加固受压构件用的水泥砂浆，其强度等级不应低于 M15；加固受剪构件用的水泥砂浆，其强度等级不应低于 Ml0。受力钢筋的砂浆保护层厚度，不应小于表 6-2 中的规定。受力钢筋距砌体表面的距离不应小于 5 mm。结构加固用的钢筋，宜采用 HRB335 级钢筋或 HRBF335 级钢筋，也可采用 HPB300 级钢筋。

表 6-2 钢筋网水泥砂浆保护层最小厚度 单位：mm

构件类别	环境条件	
	室内正常环境	露天或室内潮湿环境
墙	15	25
柱	25	35

当采用钢筋网水泥砂浆面层加固柱和墙的壁柱时，竖向受力钢筋直径不应小于 10 mm，其净间距不应小于 30 mm，受压钢筋一侧的配筋率不应小于 0.2%，受拉钢筋的配筋率不应小于 0.15%；柱的箍筋应采用封闭式，其直径不宜小于 6 mm，间距不应大于 150 mm[图 6-11(a)]。柱的两端各 500 mm 范围内，箍筋应加密，其间距应取为 100 mm。在墙的壁柱中，应设两种箍筋：一

种为不穿墙的U形筋，但应焊在墙柱角隅处的竖向构造筋上，其间距与柱的箍筋相同[图6-11(b)]；另一种为穿墙箍筋，加工时宜先做成不等肢U形箍，待穿墙后再弯成封闭式箍，其直径宜为8～10 mm，每隔600 mm布置一根[图6-11(c)]。箍筋与竖向钢筋的连接应为焊接。

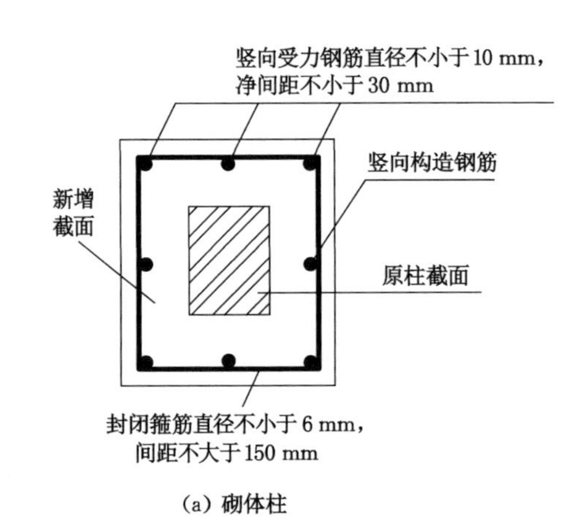

(a) 砌体柱

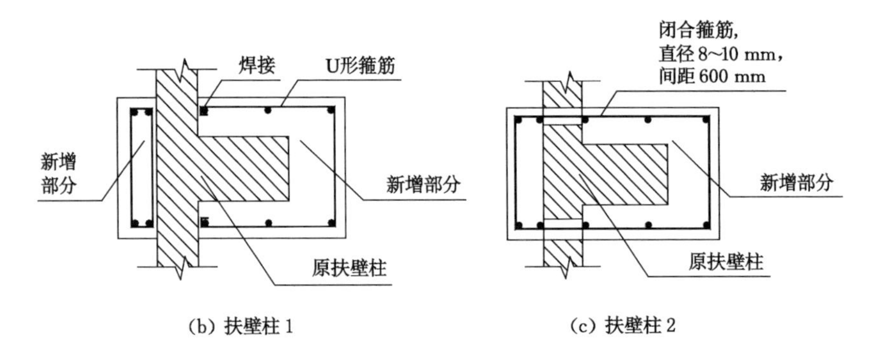

(b) 扶壁柱1　　(c) 扶壁柱2

图6-11　砌体柱及扶壁柱加固截面

当采用钢筋网水泥砂浆面层加固墙体时，宜采用点焊方格钢筋网，网中竖向受力钢筋直径不应小于8 mm；水平分布钢筋的直径宜为6 mm；网格尺寸不应大于300 mm。当采用双面钢筋网水泥砂浆时，钢筋网应采用穿通墙体的S形或Z形钢筋拉结，拉结钢筋宜成梅花状布置，其竖向间距和水平间距均不应大于500 mm(图6-12)。

加固面层中的钢筋网四周应与楼板、大梁、柱或墙体可靠连接。墙、柱加固增设的竖向受力钢筋，其上端应锚固在楼层构件、圈梁或配筋的混凝土垫块

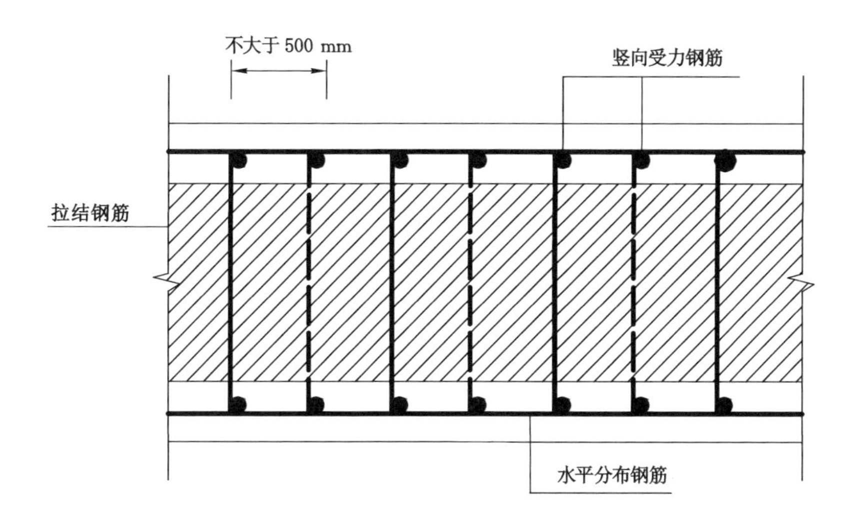

图 6-12　钢筋网砂浆面层

中;其伸入地下一端应锚固在基础内。锚固可采用植筋方式。当原构件为多孔砖砌体或混凝土小砌块砌体时,应采用专门的机具和结构胶埋设穿墙的拉结筋。混凝土小砌块砌体不得采用单侧外加面层。

钢筋网的横向钢筋遇有门窗洞时,对单面加固情形,宜将钢筋弯入洞口侧面并沿周边锚固;对双面加固情形,宜将两侧的横向钢筋在洞口处闭合,且尚应在钢筋网折角处设置竖向构造钢筋;此外,在门窗转角处,尚应设置附加的斜向钢筋。

6.3.2.2　砌体受压加固计算

采用钢筋网水泥砂浆面层加固轴心受压砌体构件时,其加固后正截面承载力应按式(6-11)计算。

$$N \leqslant \varphi_{com}(f_{m0}A_{m0} + \alpha_c f_c A_c + \alpha_s f_s' A_s') \tag{6-11}$$

式中　N——构件加固后的轴心压力设计值;

φ——轴心受压构件的稳定系数,根据加固后截面的高厚比及配筋率,按表 6-1 采用;

f_{m0}——原构件砌体抗压强度设计值;

A_{m0}——原构件截面面积;

α_c——砂浆强度利用系数,对砖砌体,取 $\alpha_c = 0.75$;

f_c——砂浆轴心抗压强度设计值，按表 6-3 采用；

A_c——新增砂浆面层的截面面积；

α_s——钢筋强度利用系数，对砖砌体，取 $\alpha_s=0.8$；

$f_s{}'$——新增纵向钢筋抗压强度设计值；

$A_s{}'$——新增纵向钢筋截面面积。

表 6-3　砂浆轴心抗压强度设计值　　单位：MPa

砂浆品种及施工方法		砂浆强度等级					
		M10	M15	M30	M35	M40	M45
普通水泥砂浆	喷射法	3.8	5.6	—	—	—	—
	手工抹压法	3.4	5.0	—	—	—	—
聚合物砂浆或水泥复合砂浆	喷射法	—	—	14.3	16.7	19.1	21.1
	手工抹压法	—	—	10.0	11.6	13.3	14.7

当采用钢筋网水泥砂浆面层加固偏心受压砌体构件时，其加固后正截面承载力应按式(6-12)计算。

$$N \leqslant f_{m0}A_m{}' + \alpha_c f_c A_c{}' + \alpha_s f_y A_s{}' - \sigma_s A_s \tag{6-12a}$$

$$N \cdot e_N \leqslant f_{m0}S_{ms} + \alpha_c f_c S_{cs} + \alpha_s f_y{}' A_s{}'(h_0 - a') \tag{6-12b}$$

此时，钢筋 A_s 的应力 σ_s 应根据截面受压区相对高度 $\xi=x/h_0$，按下列规定确定：当 $\xi>\xi_b$（即小偏心受压）时 $\sigma_s=650-800\xi$，$-f_y{}'\leqslant\sigma_s\leqslant f_y$；当 $\xi\leqslant\xi_b$（即大偏心受压）时 $\sigma_s=f_y$。其中截面受压区高度 x，应按式(6-13)计算。

$$f_{m0}S_{mN} + \alpha_c f_c S_{cN} + \alpha_s f_y{}' A_s{}' e_N{}' - \sigma_s A_s e_N = 0 \tag{6-13a}$$

$$e_N = e + e_a + (h/2 - a) \tag{6-13b}$$

$$e_N{}' = e + e_a - (h/2 - a') \tag{6-13c}$$

$$e_a = \frac{\beta^2 h}{2\,200}(1 - 0.022\beta) \tag{6-13d}$$

式中　$A_m{}'$——砌体受压区的截面面积；

α_c——偏心受压构件混凝土强度利用系数，对砖砌体，取 $\alpha_c=0.85$；

$A_c{}'$——砂浆面层受压区的截面面积；

α_s——偏心受压构件钢筋强度利用系数，对砖砌体，取 $\alpha_s=0.90$；

e_N——钢筋 A_s 的重心至轴向力 N 作用点的距离；

S_{ms}——砌体受压区的截面面积对钢筋 A_s 重心的面积矩；

S_{cs}——砂浆面层受压区的截面面积对钢筋 A_s 重心的面积矩；

ξ_b——加固后截面受压区相对高度的界限值，对 HPB300 级钢筋配筋，取 0.475，对 HRB335 和 HRBF335 级钢筋配筋，取 0.437；

S_{mN}——砌体受压区的截面面积对轴向力 N 作用点的面积矩；

S_{cN}——砂浆面层受压区的截面面积对轴向力 N 作用点的面积矩；

e_N'——钢筋 A_s' 的重心至轴向力 N 作用点的距离；

e——轴向力对加固后截面的初始偏心距，按荷载设计值计算，当 $e<0.05h$ 时，取 $e=0.05h$；

e_a——加固后的构件在轴向力作用下的附加偏心距；

β——加固后的构件高厚比；

h——加固后的截面高度；

h_0——加固后的截面有效高度；

a,a'——钢筋 A_s 和 A_s' 的截面重心至截面较近边的距离；

A_s——距轴向力 N 较远一侧钢筋的截面面积；

A_s'——距轴向力 N 较近一侧钢筋的截面面积。

根据加固计算结果确定的钢筋网水泥砂浆面层厚度大于 50 mm 时，宜改用钢筋混凝土面层，并重新进行设计。

6.3.2.3　砌体抗剪加固计算

钢筋网水泥砂浆面层对砌体加固的受剪承载力应符合下式条件：

$$V \leqslant V_M + V_{sj} \tag{6-14}$$

式中　V——砌体墙面内剪力设计值；

V_M——原砌体受剪承载力，按现行国家标准《砌体结构设计规范》(GB 50003—2011)计算确定；

V_{sj}——采用钢筋网水泥砂浆面层加固后提高的受剪承载力。

采用手工抹压施工的钢筋网水泥砂浆面层加固后提高的受剪承载力 V_{sj} 应按式(6-15)计算；对压注或喷射成型的钢筋网水泥砂浆面层，其加固后提高的抗剪承载力 V_{sj} 可按式(6-15)的计算结果乘以 1.5 的增大系数采用。

$$V_{sj} = 0.02fbh + 0.2f_yA_s(h/s) \tag{6-15}$$

式中　f——砂浆轴心抗压强度设计值；

b——砂浆面层厚度(双面时，取其厚度之和)；

h——墙体水平方向长度；

f_y——水平向钢筋的设计强度值；

A_s——水平向单排钢筋截面面积；

s——水平向钢筋的间距。

6.3.3 外包型钢加固法

外包型钢加固法，是对砌体柱包以型钢肢与缀板焊成的构架，并按各自刚度比例分配所承受外力的加固法，也称为干式外包钢加固法。该方法有不损坏原柱，占面积少，承载能力提高幅度大等优点，但是该方法对型钢锚固要求高。

6.3.3.1 构造规定

当采用外包型钢加固矩形截面砌体柱时，宜设计成以角钢为组合构件四肢，并采用封闭式缀板作为横向连接件，以焊接固定（图 6-13），缀板的间距不应大于 500 mm。

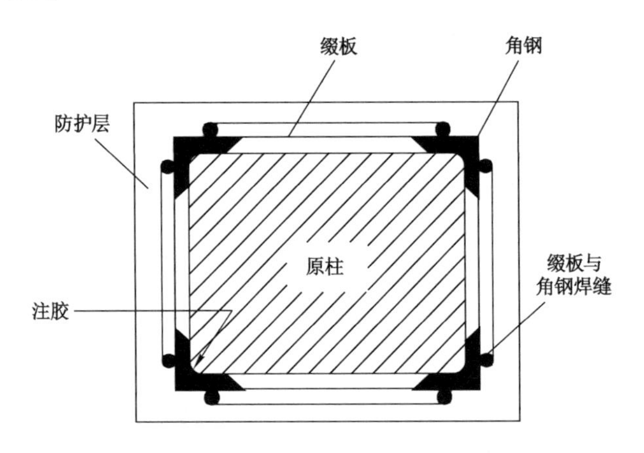

图 6-13　外包型钢加固砌体柱

当采用外包型钢加固砌体承重柱时，钢构架应采用 Q235 钢制作，钢构架中的受力角钢和钢缀板的最小截面尺寸应分别为∟ 60 mm×60 mm×6 mm 和 60 mm×6 mm。为使角钢及其缀板紧贴砌体柱表面，应采用水泥砂浆填塞角钢及缀板，也可采用灌浆料进行压注。

钢构架两端应有可靠的连接和锚固（图 6-14），其下端应锚固于基础内，上端应抵紧在该加固柱上部（上层）构件的底面，并与锚固于梁、板、柱帽或梁垫的短角钢相焊接。在钢构架（从地面标高向上量起）的 $2h$ 和上端的 $1.5h$（h 为原柱截面高度）节点区内，缀板的间距不应大于 250 mm。与此同时，还应在柱顶部位设置角钢箍予以加强。

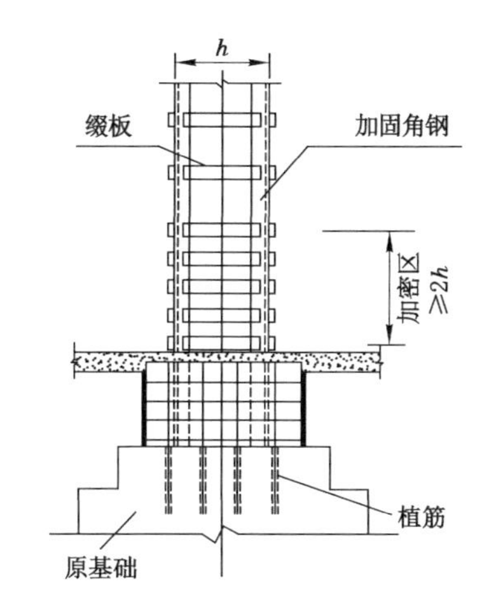

(a)　柱基节点

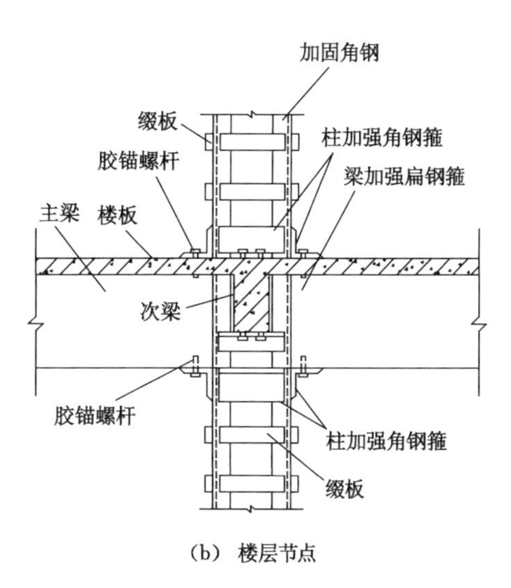

(b)　楼层节点

图 6-14　钢构架构造

在多层砌体结构中，若不止一层承重柱需增设钢构架加固，其角钢应通过开洞连续穿过各层现浇楼板；若为预制楼板，宜局部改为现浇，使角钢保持通长。

采用外包型钢加固砌体柱时，型钢表面宜包裹钢丝网并抹厚度不小于

25 mm 的 1∶3 水泥砂浆作防护层。否则,应对型钢进行防锈处理。

6.3.3.2 加固计算

当采用外包角钢(或其他型钢)加固砌体承重柱时,其加固后承受的轴向压力设计值 N 和弯矩设计值 M,应按刚度比分配给原柱和钢构架。其中,原柱承受的轴向力设计值 N_m、弯矩设计值 M_m 和钢构架承受的轴向力设计值 N_a、弯矩设计值 M_a 应按式(6-16)进行计算。

$$N_m = \frac{k_m E_{m0} A_{m0}}{k_m E_{m0} A_{m0} + E_a A_a} N \tag{6-16a}$$

$$M_m = \frac{k_m E_{m0} I_{m0}}{k_m E_{m0} I_{m0} + \eta E_a I_a} M \tag{6-16b}$$

$$N_a = N - N_m \tag{6-16c}$$

$$M_a = M - M_m \tag{6-16d}$$

式中 k_m——原砌体刚度降低系数,对完好原柱取 $k_m=0.9$,对基本完好原柱取 $k_m=0.8$,对已有腐蚀迹象的原柱,经剔除腐蚀层并修补后,取 $k_m=0.65$;若原柱有竖向裂缝,或有其他严重缺陷,则取 $k_m=0$,即不考虑原柱的作用,全部荷载由角钢(或其他型钢)组成的钢构架承担;

E_{m0},E_a——原砌体和新增型钢的弹性模量;

A_{m0},A_a——原砌体截面面积和新增型钢的全截面面积;

I_{m0}——原砌体截面的惯性矩;

η——协同工作系数,可取 $\eta=0.9$;

I_a——钢构架的截面惯性矩,计算时,可忽略各分肢角钢自身截面的惯性矩,即 $I_a = 0.5A_a \cdot a^2$(a 为计算方向两侧型钢截面形心间的距离)。

当采用外包型钢加固轴心受压砌体构件时,其加固后的砌体承载力为钢构架承载力和原柱承载力之和。不论角钢肢与砌体柱接触面处涂布或灌注任何黏结材料,均不考虑其黏结作用对计算承载力的提高。其中:

(1) 原柱的承载力,应根据其所承受的轴向压力值 N_m,按现行国家标准《砌体结构设计规范》(GB 50003—2011)的有关规定验算。验算时,其砌体抗压强度设计值,应根据可靠性鉴定结果确定。若验算结果不符合使用要求,应加大钢构架截面,并重新进行外力分配和截面验算。

(2) 钢构架的承载力,应根据其所承受的轴向压力设计值 N_a,按现行国家标准《钢结构设计标准》(GB 50017—2017)的有关规定进行设计计算。计算钢构架承载力时,型钢的抗压强度设计值,对仅承受静力荷载或间接承受动力作用的结构,应分别乘以强度折减系数 0.95 和 0.90。对直接承受动力荷载或振动作用的结构,应乘以强度折减系数 0.85。

6.3.4　增设砌体扶壁柱加固法

增设砌体扶壁柱加固法属于加大截面加固法的一种。其优点亦与钢筋混凝土面层加固法相近,但承载力提高有限,且较难满足抗震要求,它仅适用于抗震设防烈度为 6 度及以下地区的砌体墙加固设计。增设砌体扶壁柱加固施工过程如图 6-15 所示。

(a)

(b)

图 6-15　增设砌体扶壁柱加固施工过程

6.3.4.1 构造规定

增设砌体扶壁柱加固法，是沿砌体墙长度方向每隔一定距离将局部墙体加厚形成墙带垛加劲墙体的加固方法。

在原墙体需增设扶壁柱的部位，应沿墙高，每隔 300 mm 凿去一皮砖块，形成水平槽口（图 6-16）。砌筑扶壁柱时，槽口处的原墙体与新增扶壁柱之间，应上下错缝，内外搭砌。砖砌体接槎时，必须将接槎处的表面清理干净，浇水湿润，用干捻砂浆将灰缝填实。新增设扶壁柱的截面宽度不应小于 240 mm，其厚度不应小于 120 mm（图 6-17）。当增设扶壁柱以提高受压构件的承载力时，应沿墙体两侧增设扶壁柱。

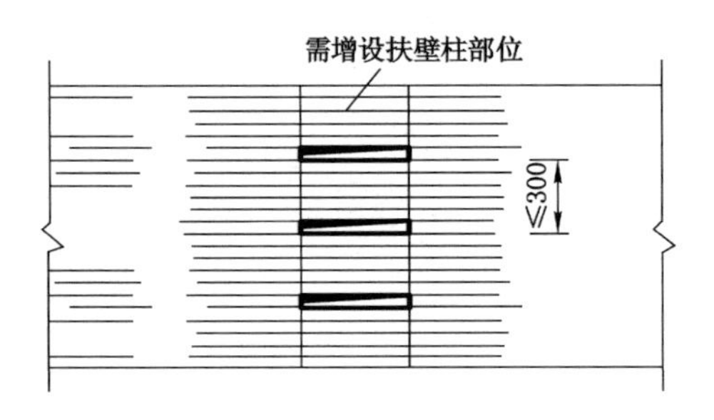

图 6-16 水平槽口

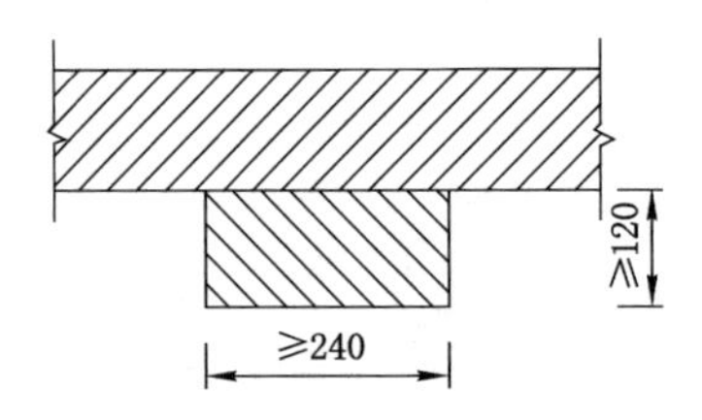

图 6-17 增设扶壁柱的截面尺寸

加固用的块材强度等级应比原结构的设计块材强度等级提高一级，不得低于 MU15，并应选用整砖（砌块）砌筑。加固用的砂浆强度等级，不应低于原结构设计的砂浆强度等级，且不应低于 M5。

增设扶壁柱处，沿墙高应设置以 2ϕ12 mm 带螺纹、螺帽的钢筋与双角钢组成的套箍，将扶壁柱与原墙拉结，套箍的间距不应大于 500 mm（图 6-18）。沿墙的全高和内外的周边，增设水泥砂浆或细石混凝土防护层。扶壁柱应设基础，其埋深应与原墙基础相同。

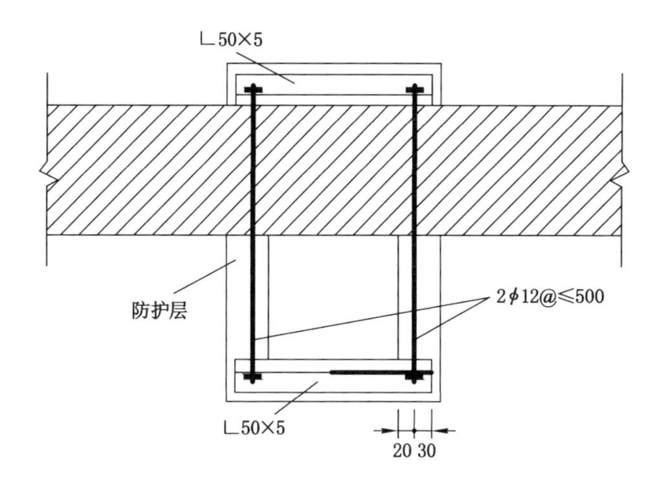

图 6-18　砌体墙与扶壁柱间的套箍拉结

6.3.4.2　加固计算

当扶壁柱的构造及其与原墙的连接符合有关规定时，其承载力和高厚比的验算可按整体截面计算。

当增设砌体扶壁柱用以提高墙体的稳定性时，其高厚比可按式(6-17)计算。

$$\beta = H_0/h_T \tag{6-17}$$

式中　H_0——墙体的计算高度；

h_T——带壁柱墙截面的折算厚度，按加固后的截面计算。

当增设砌体扶壁柱加固受压构件时，其承载力应满足式(6-18)的要求。

$$N \leqslant \varphi(f_{m0}A_{m0} + \alpha_m f_m A_m) \tag{6-18}$$

式中　N——构件加固后由荷载设计值产生的轴向力；

φ——高厚比和轴向力的偏心距对受压构件承载力的影响系数，采用加固后的截面，按现行国家标准《砌体结构设计规范》(GB 50003—2011)的规定确定；

f_{m0}，f_m——原砌体和新增砌体的抗压强度设计值；

α_m——扶壁柱砌体的强度利用系数，取 $\alpha_m=0.8$；

A_{m0}——原构件的截面面积；

A_m——构件新增砌体的截面面积。

6.4 本章小结

本章对目前常用的几种适用于高温后砌体结构的现场检测与加固方法进行了总结,可为火灾高温后砌体结构的评估、鉴定和加固提供参考。

7 结论与展望

7.1 结 论

本书对高温后砂浆和黏土砖、黏土砖砌体的抗压性能进行了试验研究，对黏土砖砌体的温度场进行了数值模拟，对高温后砖砌体抗压强度的计算方法进行了分析，对适用于高温后砌体结构的现场检测与加固方法进行了介绍，研究结果可为砖砌体结构的耐火设计及火灾后的修复加固提供参考。

7.1.1 高温后砂浆和黏土砖的抗压性能

(1) 砂浆的抗压强度随温度升高基本呈降低趋势。在 600 ℃及以下时，由于喷水冷却后砂浆试件在静置过程中生成 $CaCO_3$，使得喷水冷却后砂浆试件抗压强度有所提升，但 800 ℃喷水冷却后有 50%左右的砂浆试件出现爆裂现象。

(2) 自然冷却条件下，600 ℃及以下时，黏土砖的抗压强度受温度影响较小，可忽略不计，800 ℃时，抗压强度下降约 30.5%。喷水冷却条件下，400 ℃及以下时，黏土砖的抗压强度受温度影响较小，可忽略不计，600 ℃和 800 ℃时，抗压强度分别下降约 26.5%和 32.5%。

7.1.2 高温后砖砌体的抗压性能

(1) 高温后砖砌体试件表面出现较多裂缝，裂缝多数出现在竖向灰缝上下位置，且温度越高，裂缝越明显。

(2) 受温度作用影响，砖砌体结构材料的力学性能出现劣化，其抗压强度、弹性模量随温度升高而降低，泊松比则随温度升高而增大。

(3) 砖砌体抗压强度受温度高低、砌筑质量等多种因素影响。

7.1.3 砖砌体试件截面温度场非线性有限元分析

试件试验结果和有限元分析结果基本吻合，说明数值模拟能够有效分析砖砌体结构的升温过程。

7.1.4 高温后砖砌体抗压强度的简化计算

结合现行砌体结构规范，给出了高温后砖砌体抗压强度的计算方法，经检验，该方法安全可靠，可为高温后砖砌体结构的安全性评估提供参考。

7.1.5 砌体结构现场检测与加固方法

对适合于高温后砌体结构的常用现场检测方法进行了介绍，包括检测砌体抗压强度、工作应力和弹性模量、抗剪强度以及砌筑砂浆强度等的方法。对高温后砌体结构的常用加固方法及适用条件进行了整理，包括钢筋混凝土面层加固、钢筋网水泥砂浆面层加固、外包型钢加固及增设砌体扶壁柱加固等方法。

7.2 展　　望

目前对砖砌体结构高温试验和分析方面的工作已经有一些研究，但对于全面掌握砖砌体结构的高温性能，仍有很多问题有待进一步深入研究：

(1) 由 X 射线衍射分析可知，高温后，砂浆试件的静置时间对其强度有一定影响，对不同静置时间后砂浆强度的研究还需完善；

(2) 受试验条件的限制，本书未对高温喷水冷却后砖砌体的抗压性能进行研究，需要进一步研究；

(3) 本书只对采用 M10 砂浆的砖砌体进行了高温后的抗压试验研究，对不同强度等级砂浆砖砌体的高温性能的研究有待继续；

(4) 砖砌体的抗剪、抗弯性能也是其重要的力学性能，高温对这两方面的影响需继续研究；

(5) 对砖砌体热工参数随温度的变化规律需要进一步研究。

参考文献

[1] 苑振芳,刘斌.我国砌体结构的发展状况与展望[J].建筑结构,1999(10):9-13.

[2] 祁国颐.建筑实用大词典[M].沈阳:沈阳出版社,1992.

[3] 林洋,丁大钧.意大利帕维亚 Civic 塔的坍塌:材料试验与结构分析[J].建筑结构,1994(8):40-47.

[4] BINDA L A,GATTI G,MANGANO G,et al. The collapse of the Civic Tower of Pavia: a survey of the materials and structure[J]. Masonry international,1992,6(1):11-20.

[5] 朱伯龙.砌体结构设计原理[M].上海:同济大学出版社,1991.

[6] 高桂兰,赵子赢,沈成忠.浅谈砂浆强度与砌体强度[J].煤炭技术,2004,23(8):77-78.

[7] 王健,兰治颖.石灰膏在砌筑砂浆中的作用[J].混凝土与水泥制品,2006(1):51-52.

[8] 刘焕强,胡晓波.粉煤灰砌筑砂浆黏结强度的试验研究[J].新型建筑材料,2004(9):50-52.

[9] 殷向红.砖砌体砂浆的饱满度黏结力[J].同煤科技,2004(3):43,48.

[10] 薛鹏飞,毛达岭,刘立新.改性砂浆砌体受剪性能的试验研究[J].郑州大学学报(工学版),2006,27(1):48-50.

[11] 刘梦溪,马金荣,于得水,等.影响砌筑砂浆强度的因素探讨[J].能源技术与管理,2005(6):65-66.

[12] 周爱东,廖绍锋.墙体砌筑砂浆质量问题的研究[J].安徽建筑,2000(1):91.

[13] 牛颖兰.论影响砌筑砂浆强度的主要因素[J].甘肃科技,2020,36(1):104-105.

[14] 邓雪莲，虞爱平，黄正文. 海砂河砂混合砂浆物理及力学性能试验研究与分析[J]. 混凝土，2021(11)：112-116.
[15] 黄正文. 海砂与河砂混合砂浆的物理及力学性能试验研究[D]. 桂林：桂林理工大学，2017.
[16] 金瑞灵，南峰，伍勇华，等. NF 型塑化剂对砌筑砂浆性能影响的研究[J]. 新型建筑材料，2013，40(5)：62-64，89.
[17] 冉一辰，李重. 不同颗粒级配对砌筑砂浆性能影响[J]. 中国科技信息，2019(12)：73-75.
[18] 许小燕，袁广林，成林燕，等. 高温对高强度水泥砂浆强度影响的试验研究[J]. 山东科技大学学报(自然科学版)，2009，28(5)：35-38，48.
[19] 顾铁颋. 火灾及灭火过程对水泥砌筑砂浆的抗压性能的影响研究[D]. 成都：西南交通大学，2010.
[20] 颜军，尚守平，聂旭. 高性能复合砂浆高温后的抗压强度试验研究[J]. 铁道科学与工程学报，2006，3(4)：59-62.
[21] 刘赞群，邓德华. 胶凝材料对水泥砂浆耐高温性能的影响[J]. 混凝土，2003(12)：19-20，62，64.
[22] CÜLFIK M S，ÖZTURAN T. Effect of elevated temperatures on the residual mechanical properties of high-performance mortar[J]. Cement and concrete research，2002，32(5)：809-816.
[23] 刘威，熊良宵，潘海峰. 高温循环作用下水泥砂浆的力学性能研究[J]. 硅酸盐通报，2016，35(7)：2314-2317.
[24] 许淑芳，熊仲明. 砌体结构[M]. 北京：科学出版社，2004.
[25] 刘立新. 砌体结构[M]. 2 版. 武汉：武汉理工大学出版社，2003.
[26] 丁大钧. 砌体结构学[M]. 北京：中国建筑工业出版社，1997.
[27] 施楚贤. 砌体结构[M]. 北京：中国建筑工业出版社，2003.
[28] 唐岱新. 砌体结构[M]. 北京：高等教育出版社，2003.
[29] 徐晖，刘祥国，周承德. 砌体抗压强度及其影响因素探讨[J]. 石油工程建设，2005，31(6)：18-21，89.
[30] 施楚贤. 影响砖砌体抗压强度的几个因素[C]//钱义良，施楚贤. 砌体结构研究论文集. 长沙：湖南大学出版社，1989：38-50.
[31] HAMID A A，DRYSDALE R G. Suggested failure criteria for grouted concrete masonry under axial compression [J]. ACI journal proceedings，1979，76(10)：1047-1062.

[32] ATKINSON R H, NOLAND J L. A proposed failure theory for brick masonry in compression[C]//Proceedings of the 3rd Canadian Masonry Symposium. [S. l. : s. n.], 1983: 1-17.

[33] 施楚贤，谢小军. 混凝土小型空心砌块砌体受力性能[J]. 建筑结构，1999(3):10-12,43.

[34] XIAO X S, LYU X L. Study on bearing capacity of concrete masonry [C]//The 11th International Brick Masonry Conference, October 14-16, 1997, Tongji University, Shanghai. [S. l. : s. n.], 1997: 1290-1297.

[35] DRYSDALE R G, HAMID A A. Behavior of concrete block masonry under axial compression[J]. ACI journal proceedings, 1979, 76(6): 707-722.

[36] 中华人民共和国住房和城乡建设部. 砌体结构设计规范:GB 50003—2011[S]. 北京:中国建筑工业出版社,2012.

[37] 施楚贤. 砌体结构理论与设计[M]. 2 版. 北京:中国建筑工业出版社,2003.

[38] NARAINE K, SINHA S. Behavior of brick masonry under cyclic compressive loading[J]. Journal of structural engineering, 1989, 115(6): 1432-1445.

[39] LA MENDOLA L. Influence of nonlinear constitutive law on masonry pier stability[J]. Journal of structural engineering, 1997, 123(10): 1303-1311.

[40] SENTHIVEL R, SINHA S N, MADAN A. Influence of bed joint orientation on the stress-strain characteristics of sand plast brick masonry under uniaxial compression and tension[C]//Proceedings of the 12th International Brick Masonry Conference. [S. l. : s. n.], 2000: 1655-1666.

[41] 曾晓明，杨伟军，施楚贤. 砌体受压本构关系模型的研究[J]. 四川建筑科学研究，2001,27(3):8-10.

[42] 庄一舟，黄承逵. 模型砖砌体力学性能的试验研究[J]. 建筑结构，1997(2):22-25,35.

[43] TURNESEC V, CACOVIC F. Some experimental results on the strength of brick masonry walls[C]//Proceedings of the 2nd International Brick Masonry Conference. [S. l. : s. n.], 1971: 149-156.

[44] POWELL B, HODGKINSON H R. Determination of stress-strain relationship of brickwork [M]. Stoke on Trent: British Ceramic Research Association,1976.

[45] BERNARDINI A, CASELTATO A, MODENA C, et al. Post-elastic behaviour of plain masonry shear walls[C]//Proceedings of the 7th International Brick Masonry Conference. [S. l. :s. n.],1985:68-77.

[46] MADAN A, REINHORN A M, MANDER J B, et al. Modeling of masonry infill panels for structural analysis[J]. Journal of structural engineering,1997,123(10):1295-1302.

[47] DHANASEKAR M, LOOV R E, MCCULLOUGH D, et al. Stress-strain relations for hollow concrete masonry under cyclic compression [C]//The 11th International Brick Masonry Conference, October 14-16,1997,Tongji University,Shanghai. [S. l. :s. n.],1997:1269-1278.

[48] SAMARASINGHE W, PAGE A W, HENDRY A W, et al. A finite element model for the in-plane behaviour of brickwork[J]. Proceedings of the Institution of Civil Engineers,1982,73(1):171-178.

[49] RIDDINGTON J R, GHAZALI M Z. Hypothesis for shear failure in masonry joints[J]. Proceedings of the Institution of Civil Engineers, 1990,89(1):89-102.

[50] 秦士洪,胡珏,骆万康,等.烧结页岩煤矸石多孔砖砌体抗剪强度试验研究[J].建筑结构,2005,35(9):11-14.

[51] NARAINE K, SINHA S. Stress-strain curves for brick masonry in biaxial compression[J]. Journal of structural engineering, 1992, 118 (6):1451-1461.

[52] PAGE A W. Finite element model for masonry[J]. Journal of the structural division,1978,104(8):1267-1285.

[53] YOKEL F Y, FATTAL S G. Failure hypothesis for masonry shear walls[J]. Journal of the structural division,1976,102(3):515-532.

[54] LOURENCO P B, ROTS J G. A solution for the macromodeling of masonry structures [C]//The 11th International Brick Masonry Conference,October 14-16,1997,Tongji University,Shanghai. [S. l. :s. n.], 1997:1239-1249.

[55] ANDREAUS U. Failure criteria for masonry panels under in-plane

loading[J]. Journal of structural engineering,1996,122(1):37-46.

[56] DHANASEKAR M,PAGE A W,KLEEMAN P W. The failure of brick masonry under biaxial stresses[J]. Proceedings of the Institution of Civil Engineers,1985,79(2):295-313.

[57] 朱伯龙,陆洲导,吴虎南. 房屋结构灾害检测与加固[M]. 上海:同济大学出版社,1995.

[58] 谭巍,胡克旭. 高温及冷却后砖砌体的力学性能[J]. 住宅科技,1998(10):38-40.

[59] RUSSO S,SCIARRETTA F. Experimental and theoretical investigation on masonry after high temperature exposure[J]. Experimental mechanics,2012,52(4):341-359.

[60] 刘粤惠,刘平安. X 射线衍射分析原理与应用[M]. 北京:化学工业出版社,2003.

[61] 中华人民共和国住房和城乡建设部. 砌体结构工程施工质量验收规范:GB 50203—2011[S]. 北京:中国建筑工业出版社,2011.

[62] 杨强生,浦保荣. 高等传热学[M]. 2 版. 上海:上海交通大学出版社,2001.

[63] 张朝晖. ANSYS 热分析教程与实例解析[M]. 北京:中国铁道出版社,2007.

[64] 刘文燕,耿耀明. 热工参数对混凝土结构温度场影响研究[J]. 混凝土与水泥制品,2005(1):11-15.

[65] 刘涛,杨凤鹏. 精通 ANSYS[M]. 北京:清华大学出版社,2002.

[66] 中华人民共和国住房和城乡建设部. 民用建筑热工设计规范:GB 50176—2016[S]. 北京:中国建筑工业出版社,2017.

[67] 张玉明. 四面受火钢筋混凝土柱正截面承载能力研究[D]. 徐州:中国矿业大学,2005.

[68] 中华人民共和国住房和城乡建设部. 砌体工程现场检测技术标准:GB/T 50315—2011[S]. 北京:中国建筑工业出版社,2011.

[69] 中华人民共和国住房和城乡建设部. 砌体结构加固设计规范:GB 50702—2011[S]. 北京:中国建筑工业出版社,2011.